孩子一生的底气

教育篇

南怀瑾 讲述

北京联合出版公司
Beijing United Publishing Co.,Ltd.

南怀瑾先生，1955 年于台湾省基隆市。
詹阿仁摄影

南怀瑾先生简介

　　南怀瑾先生，戊午年（1918年）出生，浙江省乐清县（今乐清市）人。幼承庭训，少习诸子百家。浙江国术馆国术训练员专修班第二期毕业，中央陆军军官学校政治研究班第十期修业，金陵大学社会福利行政特别研究部研习。

　　抗日战争中，投笔从戎，跃马西南，筹边屯垦，曾任大小凉山垦殖公司总经理兼自卫团总指挥。返回成都后，执教于中央陆军军官学校军官教育队。其间，遇禅门大德袁焕仙先生而发明心地，于峨眉山发愿接续中华文化断层，并于大坪寺阅《大藏经》。讲学于云南大学、四川大学等院校。

　　赴台湾后，任中国文化学院（今中国文化大学）、辅仁大学、政治大学等院校和研究所兼职教授。二十世纪八十年代曾旅美、居港。在台、港及旅美时期，创办东西（文化）精华协会、老古出版社（后改组为老古文化事业股份有限公司）、《人文世界》杂志、《知见》杂志、美国弗吉尼亚州东西文化学院、ICI香港国际文教基金会，主持十方丛林书院。

在香港期间，曾协调海峡两岸，推动祖国统一大业。关心家乡建设，1990 年泰顺、文成水灾，捐资救患；在温州成立南氏医药科技基金会、农业科技基金会等。又将乐清故居重建，移交地方政府作为老幼文康中心。与浙江省合建金温铁路，造福东南。

继而于内地创办东西精华农科（苏州）有限公司；独资设立吴江太湖文化事业公司、太湖大学堂、吴江太湖国际实验学校；推动兴办武汉外国语学校美加分校；推动在上海兴办南怀瑾研究院（恒南书院）；恢复禅宗曹洞宗祖庭洞山寺；支持中医现代化研究——道生中医四诊仪研制与应用；资助印度佛教复兴运动；捐建太湖之滨老太庙文化广场。

数十年来，为接续中华文化断层心愿讲学不辍，并提倡幼少儿童智力开发，推动中英文经典课余诵读及珠算、心算并重之工作。又因国内学者之促，为黄河断流、南北调水事，倡立参天水利资源工程研考会，做科研工作之先声。其学生自出巨资，用其名义在国内创立光华教育基金会，资助三十多所著名大学，嘉惠师生云云。其他众多利人利民利国之举，难以尽述。

先生生平致力于弘扬中华传统文化，并主张融合东西文化精华，造福人类未来。出版有《论语别裁》《孟子旁通》《原本大学微言》《老子他说》《金刚经说什么》等中文繁简体及外文版著述一百四十余种。且秉持继绝兴亡精神与历史文化责任感，自行出版或推动出版众多历史文化典籍，并藏书精华数万册。

要之：其人一生行迹奇特，常情莫测，有种种称誉，今人犹不尽识其详者。

壬辰年（2012年）仲秋，先生在太湖大学堂辞世，享年九十五岁。

出版说明

　　南怀瑾先生一生致力于传播中国传统文化，他的论述涉及的学问领域之广，作品的影响力之大，在当代都是首屈一指的。南怀瑾先生的作品，素来有深入浅出、通俗易懂的特色，但是毕竟体量宏富，万象森罗，已正式出版的中文简体版作品超过五十种，总字数近千万，且以分门别类的专著为主，因而对于一般读者来说，阅读的门槛和压力还是有的。

　　我们策划这套书的目的，是为广大读者提供一种更轻松、关联性更强的阅读体验，也希望有更多新的读者通过这套书走近南怀瑾先生，走近中国传统文化。

　　为了达到这个目的，我们为每一本书设定了一个主题。每个主题一方面对应着南怀瑾先生作品中的一个重要内容板块，另一方面对应着与读者的关联性。每一本书一般由几个章节构成，每一章聚焦全书主题的一个方面，由几篇文章构成。每篇文章由标题引领一个相对完整和独立的叙述，大部分文章篇幅在三千字左右。每篇文章素材的选择，遵循知识性、趣味性和启发性三个原则。我们力求让每一篇读起来都是"散文"的体验，体量轻小，易于阅读和归纳理解，而篇章之间又组成更大的叙述和主题，让读者有层层渐进、步步深入的体会。

具体到《孩子一生的底气》这一册。本书关注的是中国传统文化中有关教育、教养的话题，也是南师给所有家长的一份忠告。南师认为，中国传统教育是从家庭开始，学校与社会只是辅助，父母家教才是教育的核心。近百年来，中国家庭大多处在东西文化交流撞击的夹缝里，在新旧观念混淆不清的矛盾中发生偏差。许多年轻父母，外受西方文化影响，对欧美家庭教育方式一知半解，却将之奉为金科玉律，而骨子里又潜伏着传统中国的血液，望子成龙、光耀门楣等观念并未完全抛却，于是造就了许多问题儿童和问题事件。许多父母往往努力让孩子生在第一流的家庭，却只能给孩子末等的家教，他们先是把孩子交给长辈、用人去带，接着送到学校，把责任推给老师，将来孩子要是犯了法，再推说是社会问题，自己好像置身事外，一无过错。

其实，要想改善孩子的问题，必须先正本清源，从家庭教育开始检讨。早在几千年前，儒家经典《大学》便明确指出，身心修养是教育的根本，教育的最高目的在于培养人性，即从心性修养开始，让孩子逐步走向自立，学会做一个堂堂正正的人。教育不只是读书、上课、会考试，天地万物、周遭环境、旁人的一切行为情绪，通通在影响着孩子的成长，这就是"耳濡目染"的人格教育。

我们整理南怀瑾先生的著述，以儒家经典《大学》《论语》《孟子》为核心，结合历代教育名家典故，将本书分为六章。第一章开门见山，从家教切入，先讲母教之重要、教育之目的、人性和欲望的由来，进而从小家到大家，谈论中国独特的大家庭文化，涉及爱、孝、修身、齐家等话题。二三两章为儿童的家庭教育。第二章详述父母教子的责任，梳理家教的正确观念和经验。第三章以孔子教育思想为主，给出一套好的教育方法。四五两章为青少年的人格教育。第四章以孔子为主，讲解如何做一个君子。第五章以孟子为主，讲解怎样做个有尊严的人，一个君子应该如何守护道义、理想和人格。第六章回归历史，串联历代教育的重点与得失，反思中国教育的过去和未来。

本书所收的文章，有的来自南怀瑾先生著作中的完整篇章，我们只在原文基础上精简行文、重分段落、重拟标题等。有的文章是从多部作品中摘选、衔接而成，以便用一篇文章较完整地讨论一个话题，为了前后衔接得当，个别语句的顺序、措辞有调整。每一篇文章之后，注明了所选素材的出处。

此书能够出版，承蒙南怀瑾先生嫡孙暨法定继承人温州南品仁先生与南怀瑾文教基金会的信任与支持，特此致谢！

北京磨铁文化集团股份有限公司

南怀瑾系列作品编辑部

目录

第三章　好教育要有好方法

第六章　读书有什么用？

第一章

家庭是教养的起点

一切教育从家庭开始

我认为中国文化传统得以保持三五千年，很大程度上是有赖于女性伟大的牺牲，以及她们"忍辱负重"的功劳。换言之，女性对中国传统的社会文化，的确有犹如女娲氏炼石以补天的功德。

可是我们传统的历史文化，都是依循重男轻女的男性社会观念为中心，关于女性，大多只记其反面，都是注重因女祸而破家亡国的故事：夏桀因嬖妹喜而国亡，商纣因嬖妲己而国亡，周幽王因嬖褒姒而国亡。看来夏桀、商纣、幽王，还远远比不上后世的唐明皇，他却是：

空忆长生殿上盟，江山情重美人轻。
华清池水马嵬土，洗玉埋香总一人。

自有西周自古公亶父东迁岐山，再到周文王、武王的兴起这一段，历史上总算有了公平的记载，极力赞扬周初"三太"

母教和母仪的伟大！所谓"三太"，即古公亶父的后妃太姜、文王的生母太任以及文王的后妃太姒。另外还有一位周武王的贤后，名叫邑姜，她是太公望之女，历史上记载她"贤于治内，辅佐武王。有妊，立不跛，坐不差，笑不喧，独处不倨，虽怒不詈"。

实际上，美女子和美男人那是天地父母自然生成的艺术品，本身并不一定有善恶好坏。无论是普通老百姓，还是一个帝王，因为有了美女而终至于国破家亡，那是男人自己没出息，专门拿妇女来做代罪羔羊，不算是公允！

男人是英雄，征服了天下就做皇帝，但把这些皇帝的账算一算，没有几个好皇帝有本事治理好家庭的。古往今来，好的家庭，一定要有好的主妇，有个好妈妈。所以讲到中国的教育，齐家之道，母教最重要。

传统上，中国的教育是从胎教开始。古时规定，孩子出生前，夫妻要分房，家里挂的画、用的东西都要改变，因为胎儿会知道。孩子出生以后，重要的就是家庭教育，其中母亲更重要。

做女性，最难的是做一个贤妻良母。我们传统上关于女性的教育，要注意《礼记》中《内则》一篇，还有《列女传》，其中包含了对子女的教育，甚至性的教育，告诉你性行为是怎么一回事。性的教育很重要，古代都有，现在反而都逃避不讲。

现在女性受了教育，出去做事，孩子不会带，饭不会煮，菜不会做，衣服不会缝，家也管不好，言语行为大多是乱七八糟的。孩子生在第一流的家庭，受的却是末等的家教。父母先是把孩子交给用人去带，然后再送到学校，责任推给学校，要是犯了法，还推说这是社会问题。我不认同。我们都是社会一分子啊！你的孩子犯罪做了坏事，和我有什么关系？和大家又有什么关系？社会是个抽象的名称，怎么能把家教的问题推给社会？这就是中国教育的问题，也是家教的问题。

　　我们一定要明白，孩子的生活行为与父母家庭的教育关系太大了。譬如一对父母都忧郁内向，孩子在旁边长大很难受啊。我的父母都非常好，是了不起的父母，可是有一次我在书房里看书，父亲跟母亲不晓得什么事吵架了。我难得听到他们两个吵架，那时候我还很小，记得很清楚，他们吵得很厉害，我正看书看得痛快，看到父母吵架，一下子火来了。我往父母两个中间一站，说："不要吵了，你们两个人吵什么东西！"当时是莫名其妙，我自己也不知道怎么发了这个坏脾气，就站在中间两手一拦，对父母好像对普通人，吵什么！我父亲是非常严厉的人，非常威严，我这样一吼，他真愣住了，瞪着眼睛看我，讲不出话来。母亲也不敢讲了，把背转过去，两人就不吵了。

　　当天晚上，父亲告诉我：你长大了，现在你犯错误什么的，我不会打你了，只给你讲道理。他后来对我讲话态度非常慈悲，也非常庄严。听了他这样讲，我眼泪也掉了下来。现在我讲到这一件事，好像回到当年与父母相处的情景。当时我眼泪掉下来，不晓得为什么，觉得是很严重的一个问题，心里讲不出一个道理来。父亲看见我掉眼泪，他笑了，过来帮我把眼泪擦了，说：去读书，好好看书去，没有事。我这个故事就说明家庭教育的重要，父母的行为，会影响到孩子。

顺便再讲二三十年前我在台湾遇到的一件事。我的一个学生从师范大学毕业，做了老师，有一天回来跟我讲教育的困难，他看到有个孩子在学校里爱骂人，对老师、校长说话也是"他妈的"。这个老师受不了，跑去访问他父母。他父亲出来，刚开始还非常客气，一坐下来就把大腿裤子一拉，袜子一脱，一边抠脚一边说："老师啊，对不起，他妈的我儿子实在不好。"接着他对儿子说："他妈的，你是不是在学校骂人啊？"儿子对父亲说："他妈的我没有骂人啊！他妈的现在就骂人了。他妈的我现在没有骂啊！"

这个老师赶快拔腿就跑了。原来他家里就是这样，父子两个，你一句他妈的，我一句他妈的，都觉得没有骂人！这就是教育。所以大家寄望学校来改进教育影响孩子，很难。

（选自《原本大学微言》《廿一世纪初的前言后语》）

了解孩子的性情

教育孩子，很重要的一点，是要知道孩子的性向。

注意，人的生命存在两个东西，性跟情。性情是什么呢？人性是从哪里来的？这是哲学问题，到现在还没有解决。

性在学理上叫作禀性，"禀性"这个"禀"字有写成"秉"的，通用。禀是什么？孩子自己带来的，不是父母遗传的。不但是人，甚至一条狗、一只猫或者一只老鼠的禀性都不同，现在我们通常称之为个性不同。大家办教育只晓得讲，哎呀！这个人个性很坏啊。但教育家就要是个科学家，个性不同是怎么来的？你教育一百个孩子，个性都不同，这个禀性是哪里来的？要研究。

禀性分两个方面，有些是生理上来的，身体有问题，譬如内在有病的，有的会非常忧郁，有的会非常狂放；有些是思想情绪来的，和大人一样，情绪是科学问题，也是医学问题。我们人内部的生理，心肝脾肺肾，哪一部分不健康，就会表现出不同的情绪，譬如这个人很忧郁、很内向，可能是肝有问题，并不是指肝上长东西哦！而且这个机能有时是另外一种形态，譬如脾气特别坏的，也是肝的问题，影响了他的脾胃。

性跟情的问题，科学家不能不懂，教育家也不能不知道。所以老板们有钱、有兴趣就要去办学校，自己本身不读书，也不投入身心进去，我根本就反对的。你是玩的嘛！赶时髦嘛！甚至把办学校当作商业行为，你没有发心做好事啊！你以为出钱办一个学校就行了？在我看来，那反而是害人。所以我不办学校，只是一辈子喜欢骂人，也许我骂人是利人吧！我常常说你们怪我骂人，我没有骂哦！我只有两句话，"平生无长处，骂人为快乐"，对不起了，这也是个性问题。

禀赋是遗传来的吗？也不对。中国古人有句土话，"一娘生九子，九子各不同"。同一个妈生九个兄弟姊妹，个性都不同，聪明与笨也不同，可都是一对父母遗传的！所以说禀赋完全是由基因遗传来的也不完全对。

佛学里讲得很清楚，它把这个禀赋叫种性，自己本身带来的种子。例如尧舜是圣人，也是帝王，但尧的儿子不行，舜的爸爸不好。优秀的父母生的儿女不一定好，很笨很差的父母生个儿女却非常了不起。而父母的遗传、家庭、时代、社会、教育的影响都叫作增上缘，增上缘是影响那个种性发展的助力。

讲完性情，就要讲到人性，这对教育来说十分重要。

人性究竟是善还是恶？还是不善不恶？春秋战国时，孔孟儒家讲人性是善的，人天生下来个个是善良的，思想行为受社会的污染，变坏了。我们教孩子们读《三字经》，读到"人之初，性本善，性相近，习相远"，这十二个字太深了，可以写部一百多万字有关教育的书。它说人性本来是善良的、平实的，就在目前。性在哪里？就是生命的本来；而思想哪里来？人性里头来的。"性相近"，人性是近于善的，每个人都是好的人。所以孟子说，"恻隐之心，人皆有之"，人性是善良的，慈悲心本来都有，这是"性相近"。为什么人性会变坏？没有受到好的教育，"习相远"，习惯受了社会、家庭父母等种种的影响，因此离开善良的人性越来越远了，所以社会上坏的人多，善良的人少。我们自己的行为思想也是这样，坏的念头、思想、情绪多了，善良清净这一面就少了。"人之初，性本善，性相近，习相远"，所以刚才提到要学习善的一面。

可是同样是儒家的荀子，他提的意见不同。他是孔子徒孙辈的学生，跟孟子差不多同时，他认为人的天性是恶的、自私自我的。譬如一个婴儿，当他饿了要吃的时候，只管自己要吃，如果是双胞胎，两个同时饿了就会抢着吃。因为人性本来是恶的，所以要教育，教育是为了把恶的习性改正为善良，这是教育的目的。同是儒家的哲学思想，有主性善、性恶之异，这是中国文化几千年前就有的哦！当时在西方的教育，还没有我们讨论的这样高明。

有一个与孟子同时的学者又不同了，就是在《孟子》书上提到的告子。告子说人性天生非善非恶，善恶是人为加上识别，碰到事情有了是非分别起来的。他说人性像一条毛巾一样，你想折叠成什么形状就成什么样子，所以需要教育，塑造成好的人格。告子是主张人性不善不恶的。

第四家，墨子（墨翟），跟儒道和诸子百家都不同，他认为人性生来如白净的丝绸一样，无所谓善恶，无所谓不善不恶，同告子的说法差不多，但略有不同，看社会教育给他染成哪个颜色，就变成那个颜色。

实际上，无论人性原本是善是恶，教育的基本原则都是改正人性，使人逐渐向善良的方面走。一个国家政府的领导人，希望全体老百姓向善，可是老百姓不上道，因此用法治，用刑罚，所以中国的教育从春秋战国周秦以前就打手心的，这个叫"夏楚"，不是随便打的。我们小时候是受这个教育出身的，老师坐在那里，让你背《古文观止》哪一篇，背错了三个字，在手心打三下，轻轻地处罚；如犯了大的错误，把手掌垫起来打，那就严重了。

我们现在的教育是不准体罚，我可不是提倡打人哦，是讲历史故事给你们听。其实打或是不打很难说，像我带兵时有一度不主张打人，做错了事怎么处理？立正，站在前面，两手左右平伸，两手指头各拿一张报纸，站一个钟头，手不准挂下来，只要低下来就要挨打。你们去试试，站十分钟看看，保证要你的命。说起来我没有打人呀，但比打人还严重。

教育是改进人性，究竟是应该严厉地处罚，还是只讲原谅呢？其中大有问题。我现在办的是实验教育，这个教育究竟是对还是不对？我的心理负担非常重。前几个星期，一个老朋友来，说他正接手"政府"一个机构的首长，原来的首长犯了贪污罪。这个朋友同时也在做慈善工作，以及推广农村教育，他的地位不低哦。他说："我接手那一天，背了个包包，自己坐计程车去。他们还没有上班，只晓得那天有新的领导要来接手。我自己推门进到办公室，有一个职员看到我，问你干什么的啊？我也没有讲自己是什么人，只说我来报到的。那个职员态度还蛮好，说你请坐吧。我就坐在那里等，也没人理我。坐了半天，我说老兄啊，我来报到也是个客人啊，请倒杯水给我吧！那个人就起来倒水，又问我姓什么，这时他大概想到了，就赶快打电话给另一个比较重要的长官，说某某人已经到这里等你们了。我说你不要打电话，他正在路上开车，听说我先到了，他万一紧张，出了车祸就糟糕了。"

我说你这个毛病啊，素来作风很民主自由，很好啊。后来你上任讲些什么？他说我一上任就说，我晓得公司损失很大，还有很多烂账，我明天正式上班，你们有许多手头不清的、拿了钱的，赶快归还；如果来不及归还，就赶快把你手边那些钱捐给慈善机构；如果真来不及捐给慈善机构，就去捐给和尚庙子或教堂。再来不及啊，在家里后院挖个洞，深深地埋下去，但是你不要被我们挖到，挖到就对不起了。我听了哈哈大笑，我说你讲得很有意思。他说这样好不好？我说非常幽默有趣，也只能这样处理，真的一翻出来，有很多人贪污，你怎么办？只好送去法院。这是讲人性的问题。

教育同人性有关系，你说一个年轻人犯了错误，是原谅他，让他自我反省改正，还是处罚他，让他自我坦白反省呢？很难下定论，要临机变通。总之，教育是启发引导人性往好的路上走。如说完全只用爱心、只用自动启发的方法，除非教的是圣人。

清朝有一个很有名的大案，有个年轻人犯罪，做土匪头抢劫，被绑到刑场。杀头前的老规矩，做官的要问，你还有什么话吗？这个时候他提出来的，做官的要为他做到。他说我想见我的妈妈一面。那应该，马上派人把妈妈接来，母子两个都痛哭。妈妈问你还有什么话讲，他说妈妈你很爱我，我马上要死了，要离开你了，我要求吃你最后一口奶。他妈妈解开衣裳给他吃奶，他一口就把妈妈的奶头咬掉了。妈妈痛得骂他，他说我今天的下场就是你教出来的，我从小爱偷拿人家东西，你不阻止我，还鼓励我，说我那么聪明那么乖，让我认为偷人抢人是当然的，才会落到今天的下场。

所以，我们从事教育的人，要怎么把人性教好，是个大问题，不要轻易下结论。许多人那么尽心，昼夜关照孩子，可是对教育的方法、教育的诱导，向哪一条路上走，还很值得研究。

（选自《廿一世纪初的前言后语》）

了解孩子的心理状况

　　善恶是思想行为所构成的，我们现在讲政治也好，法律也好，教育也好，讲对错、善恶、好坏，都是后天教育来的，是每个人思想意识分别而生，是人们主观的判定。

　　举例来说，"饮食男女，人之大欲存焉"，这是孔子先提出来的。不但是人，就是鸟兽之类也如此，饿了一定要吃，上面的嘴巴要吃喝，下面的性器官会冲动发泄，这是由于性欲的关系，我们的大成至圣先师也承认，但他没有说欲是善或是恶。

　　在我看来，饮食的需求与性欲的冲动，没有是非善恶。譬如一个男婴睡着时，那个生殖器翘起来，他没有性欲的观念，是生理自然现象。又譬如我手里的这盘梨子，它本身有是非善恶吗？没有。可是我要吃你来抢，就有善恶是非了。所以男女饮食本身没有善恶是非，善恶是非是从人为的观念欲望出来的。观念欲望是人的思想，思想与情绪不是行为，假使一盘黄金摆在这里，我视之如粪土，不想要，我没有罪嘛！如果我要把它偷来、抢来，这就犯了罪。善恶是这样来的，是不是？我们举这些例子，你就懂了很多的道理。

人的饮食男女欲望，最初开始是怎么来的？这要注意了，我们人生来有思想、有知性；思想的功能很大，我们普通叫它是"心"，是个代号，不是指身体功能器官的心脏。这个能思想的作用，我们的文化里有的把它叫心，有的叫意。

你看中国字，这个"意"字，上面一个建立的"立"，下面是个太阳一样，古文是画一个圆圈，中间有一点，下面是个"心"字，这个"意"也是心的作用。还有一个"識"字，左边"言"字旁，中间一个"音"，右边加一"戈"字，言语变成声音，像武器一样可以杀人，也可以利人。我们的心、意发生内在的思想，再变成外面的行为言语，是非善恶意见来了，就是识。

说完心、意、识，再回到"性""情"这两个东西。中国字一个能代表很多意思，"性"字不是本体先天的本性，是讲后天的性。性就是代表知性，能够知道一切。胎儿在娘胎里几个月已经有思想，父母在外面的动作他都知道，不过记不得了。

这个"知"是生命本有的。婴儿时会哭会闹，那个是"情"，我们现在经常说"我情绪不好"，情绪不是知性哦！我们举个例子，譬如我们知道自己要发脾气，内心也会劝自己，不发也可以啊，可是忍不住会发，这是情的作用，不是知性的作用。这个情是什么呢？几千年前，《礼记》先提出来性情。希腊、埃及、印度、中国这四大文明古国，只有中国先提出性情的问题。性是知性，情是七情，喜、怒、哀、乐、爱、恶、欲。中国后世讲七情六欲，六欲是佛学的名词，暂时不讨论，现在我们讲中国本土的文化。

"喜"与心脏有关；"怒"与肝脏有关；"哀"是肺肾的关系；"乐"是高兴，同心肾有关系；"爱"，贪爱，属于脾脏关系，我们通常讲脾胃，胃是胃，脾是脾，作用有别；"恶"，讨厌，有些人的个性，看到人与物，随时有厌恶的情绪；"欲"，狭义的是指对男女性的欲望，广义的是贪欲，包括很多，求名求利，当官发财，求功名富贵，要权要势，这都是欲。

"喜"，很少有人天生一副喜容，尤其是中国人。我在外国时，一个美国朋友问我："南老师，你们中国人会不会笑？"你们听了一定跟他吵起来，中国人怎么不会笑？我一听，我说我懂了，你这个问题问得好，你们美国人的教育习惯，早上一出门，随便看到谁，哈啰！早安！都笑得很习惯。我说你不懂中国人，中国的民族不像你们的教育，譬如大人带着孩子，对面来个不相识的人，如果这个孩子说："伯伯你好！"大人会说："人都不认识，你叫个什么屁啊！"我说我们的教育是庄重的，不是熟人不敢随便叫，不敢随便笑。所以东方人个个都像是讨债的面孔，好像别人欠我多、还我少。所以佛学讲"慈悲喜舍"，一个人每天欢欢喜喜，那是很健康的。

"怒"，你看我们很多朋友一脸怒相，任何事都看不惯；还有些人眉毛是一字眉，脾气很大。东方属木，肝也属木，东方人肝气都容易有问题，所以容易动怒。

"哀"，内向的、悲观的，什么都不喜欢，一天到晚努个嘴，头低下来，肩膀缩拢来，看人都是这样畏缩。现在说的自闭症、忧郁症、躁郁症啊，都与生理上的肺、肾有关的。

"乐"，有些人是乐观的，我们这里有一个朋友，我叫他外号"大声公"，笑起来声音大，外面都听得到，他就是乐观的人，胸襟比较开朗，这和心气关系密切。

这个"爱"字呢？中文所讲的爱有贪的意思，贪是对什么都喜欢；有人喜欢文学，有人喜欢艺术，有人喜欢打拳练武功，有人喜欢偷钱，有人喜欢散财，各人喜爱不同，这个"爱"字包含就很大了，东方称贪取叫"爱"。现在西方文化讲爱的教育，是由耶稣的"博爱"一词来的，那就是中国儒家所讲的仁，佛家叫慈悲，我们普通叫宽恕。儒家孔孟关于做人有两句很重要的话，"严于律己，宽以待人"，这是教育，严格地反省、检讨自己的过错，宽厚对待别人、包容别人、照应别人。这是讲到爱，顺便讲到有关教育的一点。

"恶"，恶的心理就是讨厌，有人个性生来就有讨厌的心理成分，所以随时自己要反省。"喂！老乡啊，这里有个东西我们一起去看看。""你去吧，我讨厌。"会不会这样？讨厌是一种情绪。善恶的"恶"字读"俄"；厌恶、可恶这个"恶"字念"勿"，去声，现在叫作第四声，古文在右边上方打个圈圈。

"欲"，刚才提过了，是属情的方面，生命一生下来，婴儿小孩就有。如果碰到好的教育家、好的老师，一望而知，可以看出孩子的性向应该走哪一条路，学什么比较好。

大家教育孩子，要想了解他的健康，就要认识这七情，这是一般心理情绪的状况。

我讲这些，是引起从事教育的人的注意，同时配合古今中外有关教育的知识，好好研究。现在我们只是站在教育立场上讲，实际上，整个政治的大方向，做人做事都在内，都要特别注意。

（选自《廿一世纪初的前言后语》）

教育最高的目的是培养人性

　　现在我们国内十几亿人口，全世界六七十亿人口，真正懂得人生、理解自己人生目的与价值的，有多少人呢？这是一个大问题，也就是教育的问题。

　　我二十三岁时，中国正在跟日本打仗，四川大学请我演讲。我问讲什么？总有一个题目吧？有个同学提出来，那就讲"人生的目的"。我说这就是一个问题，人生什么叫目的？先解决逻辑命题的问题，就是题目的主要中心。

　　什么叫目的？譬如现在出门上街买衣服，目标是衣服店，这是目的。请问，人从娘肚子里生下来，谁带来了一个目的？现在有人讲人生以享受为目的；民国初年孙中山领导全民思想，说"人生以服务为目的"，这都不对。谁从娘胎里出来就说自己是来服务的啊？没有吧！所谓人生以享受为目的、以服务为目的，不管以什么为目的，都是人读了一点书，自己乱加上的。你们叫我讲的这个题目，本身命题错误，这个题目不成立。

其实，在逻辑上这个命题本身已经有答案，就是人生以人生为目的。

说到这个，现在许多人都搞不清楚了。那么人活着，生命的价值是什么？这也是个问题。一个人做官，是想流芳千古还是遗臭万年？这两句话不是我讲的，是晋朝一个大英雄桓温讲的。这样一个大人物，他要造反，人家劝他，他说人生不流芳千古就遗臭万年，就算给人家骂一万年也可以啊，他要做一代的英雄，这也就是他的人生价值观。在历史上有这么一个人，公然讲出了他的人生目的。

讲到人生的价值，我现在年纪大了，一半是开玩笑，一半是真话，我说人生是"莫名其妙地生来"，然后"无可奈何地活着"，最后"不知所以然地死掉"，这样做一辈子的人，不是很滑稽吗？

我提到人生这些问题，牵涉到全世界人类的教育问题，而教育的基本是人性的问题，人怎么有思想？这个思想是唯物的还是唯心的？人怎么有情绪？怎么有喜怒哀乐？中国人有两句老话，"人心不同，各如其面"。我们人类很奇怪，中国十几亿乃至全世界六七十亿人口，同样有眉毛、眼睛、鼻子、嘴巴、耳朵，但没有两个人是一模一样的。你说他同他很相像，真比较起来还是有差别。所以中国哲学跟西方不同，"人心不同，各如其面"这一句土话是最大的哲学。

教育最高的目的是培养人性，指向人性。中国人讲学校、学问，这个"学"字古文怎么解释？"学者，效也。"效也是学习。譬如我们唱歌、跳舞、练拳，几十个人学，哪一个学得跟老师的姿势、神气、内涵一样？这是学的问题，也就是效的问题，更是搞教育的大问题。而所谓学校的这个"校"字，"木"字旁边一个"交"，那是盖一个地方，集中大家来学习。

中国的《礼记》讲到效，我们做老师的、办教育的，任务太重了，孩子们随时在效法老师、父母。教育不光是嘴巴里教，也不只是读书，父母、老师的行为、思想、情绪和动作，无形中孩子们都学进去了。这就是教育，这叫"耳濡目染"，孩子们天生有耳朵、有眼睛，他们听到了，也看到了。老师们偶尔讲两句黄色笑话，你以为孩子们没有注意听，实际上他们已经听到了。父母也好，师长也好，社会上的人也好，他们随便有个动作，孩子们一眼看到，已经发生影响，这就是教育。所以教育不只是在你上课教些什么，整个的天地，自然的环境，通通是教育。

（选自《廿一世纪初的前言后语》）

身心修养是中国教育的基本

现在大家都讲读经，讲老实话，读经是我发动的，悄悄推广开来，因为中国文化的根断了，想把它接上去，到现在二三十年了。一般人搞错了，以为我们提倡读经，事实上我们是主张读不起学校的贫穷孩子在家里自学，中文、英文、数学一齐来，并不是要中国专出诗人。现在到处提倡读经、办私塾，这是错误的，读了经什么学校也不进，科学也不懂，只要会背《大学》《中庸》《千字文》《三字经》《弟子规》就觉得了不起。这不得了啊！我们没有提倡这个，这叫读死书，死读书，读书死，一定糟糕。读经很重要，但要配合现代教育。

曾子受孔子的教导，著了一本书叫《大学》。大学是大人之学、成人之学，就是讲身心修养，这就是中国教育的基本。我常说这一百年来，中国教育没有方向，没有目的，方法也有问题，究竟想把孩子教成什么样子，我们要重新思考。像《大学》这一篇，就确定了中国教育的目的和方法。什么是教育的目的？就是教做人。做人从什么开始？从心性修养开始，做一个堂堂正正的人。

"大学之道在明明德，在亲民，在止于至善"，这是纲要，明德、亲民、至善，古人叫"三纲"。下面修养的程度有七个阶段，"知止而后有定，定而后能静，静而后能安，安而后能虑，虑而后能得"，这个"定"不是讲静坐，不必盘腿，随时站在那里也好，坐在那里也好，在生活行住坐卧四个形态之间，就是修养心性的定。知止、有定之后，能静，能安，能虑，才能发生智慧。"虑"是自己内在的智慧，虑之后能得到什么呢？得到"明德"，大彻大悟，见到生命的本来面目。曾子把这种心性修养的成就称为"明德"。所以《大学》里头讲，"自天子以至于庶人，壹是皆以修身为本"，这七个阶段就是学问修养的程序。

注意，"知"跟"止"这两个字，人一出娘胎就有个知道的作用，譬如婴儿生来，肚子饿了就晓得哭，要吃奶；冷热过分了，他也晓得哭，这个知性是天生的。但是"知止"，注意哦，并不是说把能够感觉知觉的这个作用停止了，这就错了，是要自己引导知性向一个最好的路上走，选定一条心性宁静的路给自己走。

拿教育孩子来说，教孩子学做人的重点在于生活，孩子来我们这里，先教怎么穿衣服，怎么洗脸，怎么端碗，怎么吃饭。现在的社会，连大人们都没有这些规矩，鞋子乱丢，东西乱放，自己都成问题，怎么教孩子呢？

有位大老板，大学一年级的时候来我那里，要求参与听课。我不准他参加，因为他上的是最好的大学。我说你好好去念大学吧，到我这里干什么？他说我已经在那里读书了，到这里来是学文化的。我说要交学费，学费很高的。他说没有钱，还有别的办法吗？我说有啊，你在这里打工，因为我晓得考取名校的那个傲慢心理。他答应了，就来打工。

他一来，我就让他去洗厕所，洗完了，我亲自检查，跟他说这个厕所没有洗干净。他说马桶里刷不到，我就用手去掏给他看，他一看就傻了，问我："老师啊，你是这样做的吗？"我说清洁卫生就是这样做，尤其这一班人乱七八糟，烟头都丢在这里，卫生之乱，你用水冲不掉的。还有洗茶杯，我说这个玻璃杯也没有洗干净。你们洗茶杯，放在水龙头底下这么一冲就好了，茶杯最脏的是嘴唇这里啊！要把这一圈洗干净，洗好还要对着光照一照，看看干净了没有。他现在是上市大公司的老板，学位也读到外国名校博士，在我面前一样给人家倒水，他是接受这样的教育的。

教育是改变气质，不只是教学生知识，也不是让孩子读上名校，读名校出来又有什么了不得的？那个我们看得多了。生活的教育最好从家庭做起，尤其是家长教孩子更要注重生活的教育。古代书院是以创办人为核心的，不仅学生要进修，老师也要进修。例如朱熹在福建办紫阳书院，就是以他自己为标准，进行人格教育。如果老师自己不能修正，空口说白话，对学生的教育就没有用。

所以，老师的问题很大，不是办个学校就能解决的。有人想办孤儿院，办学校，我始终惋惜，这个愿力是对的，但要想改变孤儿的教育很难。孤儿和艰难困苦的孩子，长大了只有两种情况。一种是非常感恩社会，想办法做个好人，报答社会，这样的人千万人中只有少数几个；其他一大半以上对社会是埋怨的，你对他再怎么好，他心里的根上（下意识）总有埋怨，这一点很难改变。不仅孤儿教育是这样，普通教育也是如此，这是人性最基本的问题。

教育要变化学生的气质，但是这非常难！我教了一辈子，二十几岁起就看通看透了这些，可是我没有放弃，还是朝这个方向在努力。我为什么不敢写书？譬如大家都讲跟我学佛，是否有人有成就我也不知道，我这是客气话。我说的几乎没有人听，没有人真去做，所以对教育我始终是很灰心，一辈子讲教育无用论。孔子的一生，三千弟子，七十二个贤人，真正成就的只有十来个而已。释迦牟尼佛一生也是这样，尽管经典讲得那么闹热，真正成就的只有十大弟子。教育是个牺牲，很难有成果；可是虽然如此，它的影响还是非常大。

所以讲到教育，我是深深佩服文中子的，你们没有读过文中子的书吧？文中子名叫王通，是隋朝人，《滕王阁序》的作者王勃就是他的孙子。文中子王通一开始有志于天下，后来不干了，退下来，讲学河西，在山西一带，培养出初唐开国时期的好几个文武名臣，譬如房玄龄、杜如晦、魏徵、李靖等。他自己本身不出仕，而把帝王之学教授给学生。

他有一部书叫《中说》，很有名。中国三部有"中"字的书，一本是子思的《中庸》，一本是王通的《中说》，一本是翻译过来的龙树菩萨的《中论》，都很特别。文中子这个谥号并不是帝王封给他的，而是弟子们对他共同的尊称。文中子是继孔子之后，在隋唐之间承先启后的人，是教育成功的一个人物。

（选自《廿一世纪初的前言后语》）

用启发教育找回赤子之心

孟子曰："大人者，不失其赤子之心者也。"

——《孟子·离娄下》

这是孟子教育思想的一个重点。

"大人"是超然的，可以当皇帝，可以做大臣，也可以做一个最平凡的老百姓。唯大人可以入圣境，当皇帝则是入圣境为圣王，做宰相则为良相，做老百姓则是一个规规矩矩的圣人。所谓"赤子"就是婴儿，赤子之心是童心，但不是幼稚，而是形容人的天真、天良之心。

《大学》首在"明德""亲民"，然后"止于至善"。至善，也就是赤子之心。以现代观念看，"不失其赤子之心者也"似乎讲这个人永远长不大，什么事都不懂，等于半个白痴，像这样的人还有什么用？事实上，所谓"赤子之心"，并不是长得大或长不大，而是指永远保持干净、纯洁、诚恳、少爱憎、少恩怨、仁慈、爱物的心理。贾宝玉最不愿看的一副对联是"世事洞明皆学问，人情练达即文章"，虽然他走的路子不同，也不一定对，但在这一点上还是保持了赤子之心。

真正修养的境界，如学佛学道，明心见性，初步都是为了恢复赤子之心。古代有一位女神仙曹文逸，她的两句话说得很好："无心心即是真心，动静两忘为离欲"，这就是赤子之心的境界。孟子说，只有这样的人，才够得上中国文化所标榜的"大人"，可以做圣君、贤相。

孟子曰："君子深造之以道，欲其自得之也。自得之，则居之安，居之安，则资之深，资之深，则取之左右逢其原，故君子欲其自得之也。"

孟子曰："博学而详说之，将以反说约也。"

——《孟子·离娄下》

孟子说，人的修养是要恢复到赤子之心的境界，要怎样才能达到呢？不能以填鸭式的教育硬塞，要以启发式的教育使其自得，这和后世禅宗的教育相同。我们知道，禅宗祖师的教育方法、所走的路线都是这样，也就是"深造之以道"，才能达到道的境界。

什么是道的境界？这里暂以孟子的观念来解释，就是恢复到赤子之心的境界，也就是由后天修养回复到先天的境界。

要怎样才做得到呢？要他"自得"，也就是自悟。假使不是"自得"而是被教的，就不能活用。例如，现在有许多人学修道，学打坐，一开口就说：老师教我这样打坐的，好像是为老师而修道、打坐的。老师教了重点，教了方法，自己就要能够活用；自己不去体会，不去活用，这就是不能够自得，而是拿到鸡毛当令箭。

　　禅宗有一句非常有意思的话："悬崖撒手自肯承当，绝后方苏欺君不得。"意思是学问修养要自得，自己启发自己的灵智，就是道的境界；不是从老师那里填塞进来的，也不是接受的，否则就变成了宗教的教条式信仰，那并不是道。

　　只有自得的才能"居之安"。"居之安"并不是指房子住得好，而是指平常都在自己所得的本位中。"居之安，则资之深"的"资之深"，不是老资格的意思，"资"是资用，即平常处世可以应用你的道，出世、入世都在道中行，则"取之左右逢其原"，出家也好，隐居也好，为官也好，都在道中。

　　过去圣人的言教，都是要我们能够求其自得，这也是从赤子之心来的。学问的修养、道的修养，都是这个原则。而学问以外的培养则要学识。严格说来，学问就是道，而其他各方面的知识、文章等，只是学识。

　　孟子接着说："博学而详说之，将以反说约也。"学问之道必须知识渊博，不走渊博的路线不行。要在渊博以后，再求专精，各种知识都懂了，再在专门的学识上做深入的研究。

现在医学院的教育方式很不错，最初一两年，对于医学上每一科每一部门都要学习，最后才专门深研一科，或内科，或外科，或牙科，或耳鼻喉科等，分科越来越细越专门。但社会上一般教育很糟，越专门越不通。现代的博士，实际上并不博，只是专家的代号。现在所谓"专家"，是独门深入到牛角尖中的学问，除了他所专的以外，对于别的知识就完全茫然。这种只求专门的求学方式，在这个时代也许觉得是好的，但可以预见的是，五十年后将成为人类的大害，到时可能后悔。

过去中国的教育，学生并不是专学作文，现代青年误认为过去读书人只读国文，这真是笑话。我国古代教育，当然是以国文为主，但仅以一部《礼记》来说，几乎天文、地理无所不谈，熟读这些书，样样都通达，那是从博而后约的。现代教育目的在求专，开始那一点点博只是陪衬，这种情形将来会使人类文化出大问题。

这一段谈博与专，上一段谈自得，两段连起来看，自得的是道，恢复赤子之心，就是人类天然本性的修养，不被后天物欲环境所污染。对于知识，则先求渊博，再求专门，与道的修养并不违背。

那么，人通过自悟、自肯、自得，恢复了赤子之心，得了道，以后又如何呢？答案最好借用佛学来解释。

佛学对于得道，名为"根本智"，明心见性所获得的赤子之心就是根本智。但得道以后未必一通百通，也就是说不是只要打坐一悟了道，什么都会知道——电机工程也懂了，制造原子弹也懂了，一切就像制造咸鸭蛋一样制造出来，事实当然并非如此。

这些人世间的各门各类知识名为"差别智"。不过得到了根本智，学起差别智来会更快，可以说能到达一闻千悟。对同一件事，普通人要听一百句话才能懂的，有了根本智的人，只要听一句话就全部懂了。如果说连一句话也不听就懂，是不可能的。但在宗教界，往往产生这种错误的观念，尤其学佛学道的年轻人常会有这种幻想，以为打坐悟了道，宇宙间的任何事都会知道，其实一切仍然是要学的。

（选自《孟子与离娄》）

爱的教育与孝的教育

中国历史自汉代文景二帝以后，"以孝道治天下"的教育精神便已逐渐奠定基础。汉武帝时代选举制度兴起以后，社会风气更加注重品德。所谓"贤良方正"之士的选拔，促使政府与民间社会自然而然地注重家庭教育，以人格培养为重心。到了魏文帝时代，竭力提倡孝道，由此使得历代帝王在政治思想和政治措施上，形成了"圣朝以孝治天下"的名训和准绳。然而"孝道"是宗法社会氏族中心的家庭教育标准，它有时与国家观念或忠君思想不能两全其美。唐代以后，为求忠孝思想的统一，便将《孝经》和"大孝于天下"的精神调和贯串，产生一句名言："求忠臣必于孝子之门。"

以孝道治天下绝对没有错，而且孝道是中国文化的特征。但是近百年以来，处在历史夹缝时代中的我们，内遭古今未有的巨变，外受西方思想风气的压力，仍然想要讲究"孝道"而谈家庭教育，恐怕未必能够尽遂人意。

近半个世纪以来的中国思想，并不需要过分急于全盘西化或半西化。事实上，一般的思想大体都已洋化。单从教育方面来讲，无论是家庭教育或学校教育，乃至社会人心的观念，都以西方文化教育思想中"爱"的教育为重心。尽管有人做调和论者，犹如运用八卦的"纳甲"方式，解释"爱"与孔子所说的"仁"是同样的意义，但言"仁"者自论其"仁"，主张"爱"者还自讲其"爱"。"上帝爱世人""我爱你""父母爱子女""师长爱学生"，一片模糊，通通进入混淆不清、"一以贯之"的笼统观念。

其实，这许多"爱"的概念，各有各的范畴，各有各的内涵，各有各的心理作用。唯有真能知"仁"的智者，才可"知其方"矣。无论是在美国，还是在欧洲，父母对子女的"爱"的教育，都自有他的文化思想习惯和范围，并非一味"溺爱"。他以"爱"为中心，培养后一代各自独立奋斗的精神，并不像我们"拿到鸡毛当令箭"，因此而产生新式家庭教育，一味地变成"溺爱"和"乱爱"为能事。这是作为现代中国家庭主体的父母们必须重新检讨的地方。

与此相对，现代的中国青少年们对于固有传统的"孝道"，必须了解它便是"爱"的延伸和"爱"的反应。因为大家只从表面去看西方的文化，只看见做父母的对子女尽心尽力地付出"爱"，并没有像中国人一样抱着"养儿防老，积谷防饥"的心理和目的，所以他们的父母老无所归，"不亡以待尽"

地伶仃行彳亍以等死的情景触目皆是。其实，这是西方文化制度和社会习惯上的最大漏洞，并非西方人在根本人性上就缺乏"孝"心、缺乏"爱"父母之心。据我所知以及所接触到的欧美人士，当然包括青年人，他们思念父母之情，绝不亚于东方的"孝"心。他们在谈话中也时常流露出思归与惦念父母家人的情怀。最近有一位法国学生，回国以后来信向我诉说，因为老年父母有意见，闹离婚，使他内心无比的痛苦，因此而生了严重的肠胃病。谁说在西方文化的教育之下便缺乏了"孝心"？只能说他们缺乏了"孝道"的具体精神和制度而已。

由此可知"孝"便是"爱"的延伸，也便是"爱"的反应。诚然，过去有些孔家店的店员——后世的儒者们——错解"孝道"，强调"孝道"的理论，将"天下无不是之父母"认为是千古不移的定律。其实，早在周秦以前，在《易经》的"蛊卦"中，便已隐约指出天下有"不是"的父母。所以"蛊卦"的爻辞上便有"干父之蛊""干母之蛊"的观念。但做父母的，虽然被蛊惑而有"不是"的事，但在子女的立场来说，仍然需要以最大的"爱"心而为父母斡旋过错。所以孔子也说："事父母几谏，见志不从，又敬不违，劳而不怨。"但是后世以讹传讹，或语焉不详，便把"天下无不是之父母"的观念，变成了铁定如律令的戒条。

同时，做父母的更要了解中国文化的"孝道"思想，并非只是单面的要求，它是相互的情爱。"父慈子孝""兄友弟恭"这是必然的因果律。孔子所谓"君君、臣臣、父父、子子"的道理，每句下面那个重复字，都是假借作为动词来读的。用现代观念来说：倘使父母不成其为父母，或没有尽到做父母之"爱"的责任，只是单方面要求子女来尽"孝"，那也是不合理的。其余各句的观念，依此类推，同一道理，当然不必重复细说。

现在我们不厌其烦地反复讨论传统观念中家庭教育思想的概略，既不是否定以"孝道"为中心的家庭教育的价值，也不是接受从"爱"的教育出发的便是真理。我们的目的只是说明，我们这一代的家庭思想与家庭教育方式，大多处在东西文化交流撞击的夹缝里，正在新旧观念混淆不清的矛盾现象中发生偏差。尤其一般新式家庭的父母，外受西方文化生活方式的皮毛影响，对欧美家庭教育方式一知半解的崇洋心理作祟，于是将错就错地仿照那些外国电影，而将不中不西的洋盘思想奉为金科玉律，但在骨子里又潜伏着传统文化思想的血液，"望子成龙"与"光耀门楣"的观念并未完全抛却。于是便造成此时此地，在家庭教育方面，产生了问题儿童和问题青少年事件。结果，不是怨天，便是尤人。再不然，便埋怨到学校教育和社会教育的错误，自己好像置身事外，一无过错。其实，要讲我们青少年的思想与心理问题，就必须正本清源地从家庭教育的检讨开始，而不能将一切过错都由后代的子女负担。

（选自《新旧教育的变与惑》）

认识中国人的大家庭

讲完家庭的教育，接着就要讲到"修身"与"齐家"之道。大家要注意，中国传统文化中的"齐家"，并非西方小家庭，也不是二十世纪以来中国新式的家。古代的家，主要是指"宗法社会"和"封建制度"相结合的"大家庭""大家族"，它本身就是"社会"，所以过去中国再没有另一个"社会"名称的产生。如果从"大家族"的"社会"与另一个家族或其他许多家族的土地连接起来，就是另一个团聚的名称，叫作"国"，合起来便正式成为"国家"。

古代所谓的家，是由"高、曾、祖、考、子孙"五代一堂贯串上下的家。但这还是偏向于以男子社会为中心的家，如果再加上由女子外嫁以后，所谓姑表姨亲等关联的家族相连接，构成一幅方圆图案的家族社会，再加上时代的累积，那么岂止是五百年前是一家，几乎整个中国本来就是一家人，这是一点都不错的。所谓"上阵需要亲兄弟，打仗全靠子弟兵"的观念，便是从"宗法社会"的家族传统文化形成而来。民间小说或旧式戏剧中所推崇的"杨家将""岳家军"等，也都由这种"家族"观念所产生。如果随随便便说它是落伍的陈旧"封建"意识，应该打倒，才能使社会有新进步，似乎未必尽然，还须值得仔细研究，再做定论。

"大家族"的家族观念在中国文化中植根深厚，也影响到朝鲜、日本乃至东南亚各地。它是民族主义和民族共和思想的根源。尤其在中国本土，直到现在，如果深入研究各地的"祠堂"和"族谱"，那种"慎终追远"的精神，以及旧式"祠堂"家族的"家规"，你就可以了解为什么古代政治制度，从政的官员那么少，社会治安、保安人员等于零，它用什么方法、什么体制，能够管理好那么一个偌大的中国。

我们现在举一个三百多年前的例子来说。明末清初，满族在东北，一对寡妇孤儿率领十来万满蒙军队，其中包括少数汉军，就能轻易统治中国上亿的人口，他们并非全靠杀戮，也不是全靠严刑峻法，他们真正了解文化统治的重要。由康熙开始，他已经深深知道儒家学说"齐家治国"的重心，所以颁发"圣谕"，要民间知识分子每个月初一、十五在乡村祠堂里讲解，极力推行提倡儒家的孝道，把儒学作为戒条式的律令。后来到了雍正，又重新扩充康熙的"圣谕"，成为《圣谕广训》。他们了解"社会教育"的重心，是在形成整个社会的循规蹈矩的道德风气，而达到不言之教，不令而威的效用。

你们年轻人不会知道，我是从小亲眼看见过在偏僻的农村里，如果青年有了不规矩的行为，偷了别人家的鸡，或有了男女奸情，被人告到族长那里，情节重大的，大家要求族长打开祠堂门，当着列祖列宗牌位来评理处置。这个子弟如不逃走，也许会被"家法"（祖宗前面的红黑棍子）打死，至少是当众出丑，永远没脸见人。

后来在抗战初期（1937年），我到四川，有位青年朋友，四川彭县人，跟我一起做事久了，常常苦苦求我为他报仇。报什么仇呢？他要杀人放火，烧了家乡别家的"祠堂"，杀掉那一姓的"族长"及有关人士。为了什么呢？因为他与这家的小女私相恋爱，被他们发现，认为太不要脸，太丢家族面子，要把他们抓住活活打死。结果男的逃掉了，女的却被抓住，由"族长"当众决定活埋了。因此，他日夜想要报仇杀人。后来我总算用别的方法，化解他的仇恨，使他另外安心成家立业。当然这些例子不多，但由家族制度所发生的流弊也不少。你们也都看过很多现代文学大师的社会小说，也就约略可知旧式"家庭"和"大家族"阴暗面的可厌可恶之处，必须加以改革，但这也是"法久弊深"的必然性，并非全面，也不可"以偏概全"，便认为是毫无价值的事。

大家族的宗祠不是一种法定组织，它是自然人血缘关系的标记，是宗法社会精神的象征，是宗族自治民主的意识。有的比较富有，或者宗族中出过有功名、有官职的人，也有购置"学田""义田"，把收入作为本族（本家）清寒子弟读书上进的补助。祠堂里必要时也会让赤贫的鳏、寡、孤、独的宗亲来住。当然族里如果出了坏族长，也会有贪污、渎职、侵占的事。天下任何事有好处就有坏处，不能只从单一方面来看整体。

（选自《原本大学微言》）

做好家长比做好皇帝还要难

在中国，宗法社会和家族所形成的"大家庭"观念，有四五千年的传统，在唐宋时期最为鼎盛。最有名也最有代表性的历史故事，就在唐高宗李治时代。公元 666 年，高宗到山东泰山去，听说有位九代同居的老人，名叫张公艺，便很好奇，顺道去他家看看，问他是用什么方法，能做到九代同居而相安无事。这位张公艺请求皇帝给他纸笔，要写给他看。结果，他接连写了一百个"忍"字。高宗看了很高兴，就赏赐他许多缣帛，这就是历史上有名的"张公百忍"。

不知道当时的张公艺是有意启示高宗，或是警告高宗，无论怎么说，他却无意中帮了武则天。同时，也确实是他由衷的心得，说明做一个大家庭的家长，等于是担任一个政府机构、大公司的主管，也犹如一国的领导人，自己要具备多大的忍耐、莫大的包容，才能做到"九代同居"，相安无事。

大家须要明白，我们中国由上古开始，地大人稀，而且历来的经济生产全靠农业为主，土地与人口就是生产经济、累积财富的主要来源。在周秦时期，封建诸侯的政治体制上，也多是重视人口。秦汉以后，封侯拜相乃至分封宗室功臣，也都以采地及户口为受益的标准。所谓"万户侯"等的封号，都是文武臣工等最有诱惑力，最想要得到的大买卖。因此，人人都以多子多孙是人生最大的福分。当然，户口人丁的众多是生产力和财富的原动力，不免形成大地主剥削劳动人工，压迫小民的现象。但并不像当时西方的奴隶制度，其中大有差别，不可混为一谈。我不是赞赏那种传统习俗，只是在历史学术上的研究，是非同异必须说明清楚，提醒大家在做学问、求知识方面的注意而已。

同时，说明由于宗法社会和家族的传统，形成后世大家庭、大家族的民情风俗，产生贵重多子多孙的结果。人们要想教育管理好这样的一个大家庭，比起管理一个社会团体，一个庞大的工商业集团，甚至比起一个国家的政府（朝廷），乃至现代化的政党，还要困难复杂得多。因为治理国家、政党、社团，大体上说来只需要依法办事、依理处事，"虽不中，亦不远矣"。至于公平公正、齐治一个大家庭、大家族，它的重点在一个"情"字，所谓骨肉至亲之情上面，不能完全"用法"，有时也不能完全"论理"，假定本身修养不健全，以致家破人亡、骨肉离散，也是很平常容易的事。

举例来说，在过去的社会里，一对夫妻生了三个儿子、两个女儿，几乎屡见不鲜，是很平常的事。甚至愈是偏僻的农村的贫苦人家，愈是生一大群子女，比富有城市人家更会生产人丁。其中原因并不只是饮食卫生等问题，包括很多内容，一时不及细说。

古代传统，除了元配[1]夫妻以外，还准许有三妻四妾，所以稍稍富裕的家庭，以儿女成行来计算，还不只三个五个，或十个来算人口的。如果只以一夫一妻来说，他们生了五个儿子，讨了五个来自各个教养环境不同的媳妇，在兄弟媳妇之间，互相称作"妯娌"。每个媳妇的个性脾气、心胸宽窄、慷慨悭吝、多嘴少话，个个自有各的不同。而五个儿子之间，由父母遗传的生性并不是一模一样。假如和父母一样，就叫"肖子"，肖是完全相像的意思；和父母不一样，叫"不肖"。人不一定都是"肖子"，所谓"一娘生九子，九子各不同"。也就是说，和社会上的人群一样，智、贤、愚不同，良莠不齐。再配上五个不同的媳妇，单从饮食衣着上的分配，甚至彼此之间对待上下的态度等，任何一件小事就有随时随地的是非口舌。

如果发生在外面社会上的人群，还可忍让不理，躲开了事。这是昼夜生活在一个屋檐底下的人家，你向哪里去躲。

1　现在一般写作"原配"。

倘使还有三五个姊妹未出嫁，日夜蹲在家中的大姑、二姑、小姑等等，不是父母前的宠女，至少也是娇女，对"妯娌"兄嫂、弟媳之间，对哥哥弟弟之间的好恶、喜怒、是非，乃至为了一点鸡毛蒜皮的事，可以闹翻了天。还有能干泼辣的姑娘，虽然嫁出去了，碰到对方夫家是有权有势的家庭，或是贫寒守寡，无所依靠的家庭，也可能回到娘家干涉家务，或是请求救济。

总之，说不尽的麻烦，讲不完的苦恼，比起在政府官场中主管老百姓的官，或是当管理国家天下的皇帝，看来还要难上百倍。因为做领导人的糊涂皇帝，或做管理百姓的糊涂官，只要"哼哈"两声，就可以决定一切了。可是"齐家"内政之道，不是"哼哈二将"就可了事的。"哼哈二将"只能在佛教寺院门外守山门，不能深入内院去的。

我们这样还只说了父母子女两代。如果五个儿子媳妇，各自再生三五个儿女，那么一家二十口或三四十口，还不算相帮的童仆婢女，以及临时外雇，乃至佃户等相关的人丁在内。再过一二十年，第三代的孙子，又结婚，又生儿女，那么这个所谓兴旺的人家，在四五十年之间已是"百口之家"。因为过去的社会通常是早婚的，不比现在。你们须要了解，在孔子到曾子、子思、孟子的时代，甚至后世如我所讲这种情状的家庭，尤其是"皇室"或"诸侯"王家，所谓数百口之家，那是通常的事，不算稀奇。

在我们历史上，所谓"五世同居"的大家庭，历代都有，甚至如在宋真宗赵恒的大中祥符年代，"醴陵丁隽，兄弟十七人，义聚三百口，五世同居，家无间言"。尤其最后这一句，实在使人不敢想象地敬佩。所谓"家无间言"，是说全家三百多人，并没有一点不和睦、不满意而吵闹起来的。因此便可知道"齐家"之道是"齐"这样的家，不是如现代乃至西式的小两口子，把两个铺盖拼成一张大床或两张小床的家。即使是对小两口子的家来讲，又有几对是白头偕老、永不反目的呢！你看，"齐家"是那么轻易要求，那么稀松的世间人事吗？！

照我默默地观察看来，依照现代物质文明的快速进步和精神文明相对的衰落，不论是资本主义或社会主义，甚至举世皆醉的工商业竞相发展，不久的将来，人类社会不会再有家庭制度的存在，而且也没有婚姻制度神圣的存在了！人类历史的剧本看到这里，我自己觉得可以"煞搁"了。因为我是一辈子看戏的，再看下去，不是不好看，习惯不同，就有点太陌生，不大自在了！

对于中国传统文化的"家"，我们大概已经介绍清楚。也许，你们现代一般从开始就先学新时代的文化，或一开始便从西方文化基础学习的人，看来非常奇怪，好像西方社会文明根本就没有这种情况存在。如果你是这样想，那你就大错特错了。无论是欧洲方面的英格兰、爱尔兰、法兰西、德意志等民族，乃至由各种民族所拼凑的"美利坚"国民，以及世界上任何地区和各国各地的少数民族等，在它的社会中，也都以拥有"故家"或"世家""大族"而自豪自傲的观念存在。这是人性的特点，也可说是人性的弱点。举例来说，在现代的美国，对于已故的总统肯尼迪，便有其特别的追慕之情。"肯家"也是美国的"世家""大族"，在美国本土的人也经常有喜欢讲说或关心"肯家"以及别的"世家"的许多故事。

（选自《原本大学微言》）

第二章

认清父母师长的责任

父母不要把自己的愿望寄托给孩子

老实讲，上至大学、博士、博士后，下至幼儿园、小学，我对现在整个教育都不满意。别人不可以这样讲，我可以这样讲。这二十多年以来，有三十几所大学每年都发放"光华奖学金"，没有停过。"光华奖学金"是一九八九年成立的，钱是尹衍梁同学出的，但是他硬把我推为董事长，所以我很清楚教育的变化。尤其现在都是独生子女，男的就是家里的太子，女的就是公主，父母和两边的祖父母及所有长辈，大家捧在掌心疼爱，太过分关心宠爱。这下坏了，未来这些人怎么教育？国家民族怎么办？这是大问题。

我也是独生子，原来家里环境很不错，但是我十二岁起就晓得什么是困难。当时家里被海贼抢光，从此以后没有钱读书，我就立定志愿，不靠家里出钱。当时在战乱中，可我还是要读书，还要起来救这个国家。我的父母没有像诸位做父母的那么关爱子女，难道是他们不关心我吗？他们当然很关心我，但是教育方法不一样，由我自由发展。我十九岁出来做事带兵打仗，因为太年轻了，就留个胡子冒充四十几岁。后来我的家乡也被日本人占领，音信隔绝，家里人生死如何都不知道，有国破家亡之痛，我就靠自己站起来。这些人生的经历，通通与教育密切相关。

我认为古今中外的教育，大部分都犯一个错误，父母往往把自己一生做不到的愿望，下意识地寄托在孩子身上，可是却忘记了自己子女的性向与本质。做父母的应当思考，如何正确地培养与辅导孩子，让他们成人立业。如果只是一味地要求读书、考试、上进，希望出人头地，是极大的错误观念。这样爱孩子，其实只会害了他们。

我简单明了告诉大家，《大学》上说"人莫知其子之恶，莫知其苗之硕"，父母对儿女有偏爱，所以只看到他的优点，而不晓得他的缺点。我们做父母的，要注意这两句古圣先贤的告诫。但是古人有另一面的说法，叫作"知子莫若父"，指出很重要的教育重点，是父母需要懂得自己子女的禀赋性向，因为老师和别人不见得真正全盘了解每一个学生。现在父母对孩子们的教育，只是过分宠爱关心，反而对子女的禀赋性向都没有深切关注。

我个人的经验，看了古今中外，全人类几乎都一样，都会犯这个错误，不过外国人好一点，中国现在这一代太过分了。"知子莫若父"，实际上，对儿女的禀赋性向，做父母的不一定看得清楚，因为有偏见，有偏爱。刚才讲这两个观点，看起来相反，但不尽然。

我没有兄弟姊妹，一辈子靠自己站起来，而今孙子也有孩子，已经四代了，我一概不管。为什么不管？天下儿女都是我们的儿女，为什么我家里的孩子一定要好？那别人家里怎么过？所以我对天下人的子女，都是平等看待。我只吩咐孩子们，不要一定想升官发财，一定想做什么大事业，一定想读什么名大学，只要好好学个谋生技术，可以生活糊口，一辈子规规矩矩做事，老老实实做人就好了。发财做官，都是过眼云烟的事。我对孩子的教育是这样，一切要他们自立发展，这就是古人所说"人贵自立"的道理。

举一个小例子给你们听。中国商业历史上有名的大商人群体，第一个是晋商，山西的票号很有名；第二个是安徽的徽商，扬州是徽商的天下。中国有十大商帮。讲到做生意，徽商第一，晋商第二。宁波是近代的，江南有龙游商帮，广东有广东商帮等，这十大商帮大大影响了中国的经济。安徽人不只对经济财经的发展有贡献，对中国文化也有贡献，尤其是安徽妇女。我常讲中国文化能维系五千年，是靠家里有一个好太太，有个贤妻良母，不是靠男人，家中的妇女为中国文化挑起了担子。

安徽人很辛苦，对自己出身很感慨。注意，重点在这里，

"前世不修，生在徽州，十二三岁，往外一丢"。古代孩子是这样，父母对孩子用心培养，忍心把十二三岁的孩子送出来当学徒，绝没有像现在父母对孩子这样溺爱。我们当年也是这样。像我十九岁离家，十年后抗战胜利才短期回家，以后再没有回去过！也没有靠兄弟父母朋友的帮忙，都是自己站起来的。一个孩子要自立，只要希望他有一口饭吃，不要做坏事，出来做什么事业是他的本事与命运。

小孩子十二三岁就去做学徒，跟着学商，到外地发展；长到十七八岁或二十岁回来，家里给他订婚。旧时订婚，男女不必见面。讨了老婆，过个一两年又出来了，出来七八年，甚至十来年才回去一趟。所以安徽的男人对这些好太太都非常感激，老了为她们修个贞节牌坊。

你看那些伟人都是自己站起来的，没有什么教育，都是自学出来的。我再一次跟你们讲，不要只是望子成龙、望女成凤。现在讲爱的教育，中国古文有一句话，"恩里生害"，父母对儿女的爱是恩情，可是爱孩子爱得太多，反过来是害他不能自立，站不起来。

清朝才子郑板桥（郑燮）有一句名言，叫作"难得糊涂"。他是江苏人，出身也很贫寒，自己站起来的，没有考取功名以前，靠卖画教书过活。后来考取功名，做到山东潍坊县令。我曾看过他给家里写的信，对我影响很深，这个就是教育。

他叫家里的子弟们不要一定想多读书求功名，读书读出来，有学问，有功名，又做官，不一定有什么好处。

他是个才子，琴棋诗画无所不能，所以他说我们郑家的风水都给我占光了。以后的子弟们要像我这般样样都会，是做不到的啊！你们只要规规矩矩，学个谋生的技术，长大了有口饭吃，平安过一辈子，就是幸福。所以他写了"难得糊涂"四个大字。怎么叫难得糊涂呢？笨一点没有关系啊，但是做人要规矩。他对自己写的"难得糊涂"四个字有注解，你们必须留意，他说："聪明难，糊涂亦难，由聪明而转入糊涂更难。放一着，退一步，当下心安，非图后来福报也。"

老实讲，哪个父母晓得自己的孩子够不够聪明？像我看我的孩子，跟我相比都马马虎虎，不够聪明。我告诉孩子们，不要学我，充其量读书读到我这样多，事情文的武的都干过，有什么好处啊？没有好处，只有更多的痛苦与烦恼。知识愈多，烦恼愈深；受的教育愈高，痛苦愈大，我只希望你们平安地过一生。

昨天有个孙子打电话找我，我问："你是谁啊？""我是你的孙子啊！""哦，我知道了，什么事啊？""我的孩子要考某个中学，分数差一点点，他们告诉我，请爷爷您写一封信就行了。"我说："你叫我爷爷对不对？你是我的孙子，你难道不知道吗？为自己的子孙写信，向地方管教育的首长讨这个人情的事，我是不做的，你怎么头脑不清楚啊！""是啦，爷爷！这个道理我懂，可是我被太太逼得没有办法，一定要给你打个电话。"我说："你告诉你的妻子，随便哪个学校都可以出人才，你看我一辈子都靠自己努力，这事绝不可以做。"

今天这个孙子又给我打电话："昨天爷爷的教训，我都跟家里的人讲了，大家都明白，您是对的。"我说："我知道你心里也不舒服，但你们去反省，读的学校好不好有什么关系？你说历代的状元，每个大学考取第一名，有谁做出了事啊？那些做大事的人，譬如美国的汽车大王、钢铁大王，都不见得是大学毕业的，为什么要这样注重学历啊？"

所以郑板桥说"聪明难，糊涂亦难"，真做个笨的人，也不容易，就怕孩子不笨，真笨了倒是真规矩、真老实，不敢做坏事。聪明的人容易做坏事，反而有危险，所以"由聪明而转入糊涂更难"。注意第三句话，很聪明，却要学糊涂，这就更难了，一切听其自然，好好努力，这是郑板桥"难得糊涂"的几句话。

再说中国历史上的圣人尧、舜、禹，后代都不好，并不是坏，是不够聪明。我也做过父母，还四代同堂，我晓得孩子不够聪明，这四代聪明给我占完了。你们看水果树，有一年长了很多果子，接下去就要休息好几年。你们都是了不起的聪明人，不要再往孩子身上加压力。

我经验很多事，见到很多人，问到人家的父母时，不说"你爸爸干什么的，你妈妈干什么的"，以前我们对部下是很礼貌的，"你的老太爷做什么的？你的老夫人是农村的吗？几时来？我请你老太爷、老太太吃饭"。这样就可以晓得这个人的个性，其中有一部分是父母的遗传和家教。这里头学问很深的，大家要注意。

所以对孩子们不是叫你们不关心，而是不要爱得过分，放一步，让他自由发展。但是现代人都关心得过头了。教育的目的，不是教他知识，是把孩子天生遗传不好的个性转化，所以真正的教育不是只靠学校，而是家庭教育，父母最重要的是不可偏爱。孩子们有许多的个性，遗传自父母的优点很少，缺点特别多，大家仔细研究一下，拿孩子做镜子反照一下自己。有些孩子脾气特别大，有些孩子很忧郁，都是爸爸妈妈内在的遗传，孩子各种各样的心态跟父母都有关系。所以教育从家教开始，真正的教育在反省自己，孩子的缺点就是父母的缺点。学校不过是帮忙一下，现在人把教育都寄托在学校，这是错误的。

父母怎么样培养孩子呢？把自己的孩子看成别人的孩子，把别人的看成自己的孩子，要孩子能认识到自己的缺点，并且改过来。所以如何培养孩子，让他平安地过一生，虽是很重要的，但也全靠孩子自己。

（选自《廿一世纪初的前言后语》）

教育是引而不发，不是填鸭

孟子曰："君子之所以教者五：有如时雨化之者，有成德者，有达财者，有答问者，有私淑艾者。此五者，君子之所以教也。"

公孙丑曰："道则高矣，美矣，宜若登天然，似不可及也；何不使彼为可几及，而日孳孳也？"

孟子曰："大匠不为拙工改废绳墨，羿不为拙射变其彀率。君子引而不发，跃如也。中道而立，能者从之。"

——《孟子·尽心上》

孟子说，教化有五个重点。

第一种"有如时雨化之者"。所谓"时雨"不是时时下雨，而是天旱久了，田里的禾苗快要全部枯死，在这重要的关头，突然来一场大雨，把禾苗全部救活了，这场雨就是"时雨"，适时而至的雨，又叫"及时雨"。当人在疑难未决的关键时候，应机施教，等于机锋相对，豁然开朗，心开意解。这种诱导式的，比较自然的教学方法，可说是如沐春风，扬眉瞬目，受教者领会于心，于有形无形中受到感染，与后世带有强制性的教育管理不同。古诗说"细雨湿衣看不见，闲花落地听无声"，正是不着痕迹地影响改变了一切，真是"时雨化之"的最高境界。

第二种"有成德者"。隋末有位学者王通，造就了一个时代，在他死后，弟子门人私谥他为"文中子"。他生逢隋末的乱世，为了中国历史的继往开来，本想出来有所作为，后来与隋炀帝见面一谈，知道时机未到，立即回河西，教化子弟。三十年后，大唐开国的文臣武将，如房玄龄、杜如晦、魏徵等人，大多是他的学生。可以说在他的教化之下，开创了历史上一个新的时代，这正是"有成德者"的说明。可惜一般研究历史文化的学者都忽略了他。

第三种"有达财者"。是去教人发财吗？当然不是，古代"财"与"才"两个字有时候简化，可以通用，就是造就智慧、学问非常通达的人才。教化出一个"究天人之际，通古今之变"的达才是很不容易的。明清两代五六百年间，以八股文体为标准考试取士，限于宋儒四书章句范围，这种作风实际上扼杀了天下英雄气。

清末变法时有两句话，"消磨天下英雄气，八股文章台阁书"，大家纷纷要推翻科举制度的框框，希望学术教育开放自由发展。但清末民初之间，在极力推翻八股取士制度以后，近百年来的现代教育，又限于当局自定的思想意识形态之中，学术科目形成新"八股"，比之旧八股更拘束困扰人才。如此过犹不及，更不可能造就通达之才。在我"顽固、落伍"的思想中，看到现代的教育，则有无限的悲凉、哀伤。尤其现代教育造就出来的人才，通才越来越少，专才越来越多。专才固然不错，但是一般人意识都落在框框条条款款之中，很难跳脱。再看未来时势的演变，是趋向专才专政，彼此各执己见，沟通大大不易，因此处处事事都是障碍丛生，这都是更加严重的问题。

能够明道而又通达的人士愈来愈少，社会也愈将演变得僵化。在这些问题还未表面化的时候，这个道理大家不会有深刻的了解，我在这里先做预言（讲此课是一九七六至一九七七年之间），在今后的五十年到一百年之间，全世界即将遭遇这种痛苦。虽然我这个预言似乎言之过早，而言之过早的人往往会像耶稣那样被钉上十字架，但是言之过迟则于世无益。如果不早不迟地说出，则恐怕来不及，所以只好在此自我批判，有如痴人说梦，不知所云了。

第四种"有答问者"。有问必答，无问不答。可是有的人，只是听老师讲而不问；去看老师，也不是质疑，只是想听老师讲课，却不知道问题在哪里，因此找到老师也提不出问题来。这是最近几十年来的现象。以前的学生很会提问题，老师也会答，例如禅宗的教育，有人问宋朝的大慧宗杲禅师："眉间挂剑时如何？"他立即答道："血溅梵天。"同时又连下几十个转语，这就是会问会答。现代的人，既不会问，给他说了答案也没有用，也听不懂。

第五种"有私淑艾者"。现在所谓"私淑弟子"，就是根据孟子这句话来的。有时觉得中华民族很妙，我们每感叹今日青年不懂自己的文化，但也常接到陌生青年的来信，下面署名私淑弟子，意思就是并没有直接听过课，也没有见过面，只是读了著作，而对作者非常敬佩，感到从著作中学到了学问，受益良多，便认作者为师，自称私淑弟子。

这就是孟子提出的五种教化方式。孔孟的教化，因古代文字简化，从他们教学的经验，确定有一个范围，但这个范围，也可以融会贯通古今中外的教育思想与原理。又例如印度释迦牟尼佛的教育方法，也和孟子这里所说的差不多。在他的教育方法中，关于"答问者"的方式就有四种：

一、决了答：这近似于现代考试的是非题，为提问题的人做一个肯定答复。例如问：明天我可不可以来听课？答复：可以。凡是肯定性的、否定性的以及对事物有决定性的答复就是决了答。

二、解义答：这是解释性的答复。例如问：为什么明天我不可以来听课？答：明天是假日，这里不上课。孟子对于学生们的问题，许多都是用"解义答"的方式作答。

三、反问答：就是以问题来答复问题。例如问：停电了，电梯不能动，怎样下楼呢？答复说：你不能用脚走楼梯下去吗？这种答复的方式，除了答复问题外，还可以在无形中训练受教者的思考能力。

四、置答：就是把问题搁置，默然不语，不做口头答复，实际上是逼他启发本有的智慧。这种不做答复有时正是答复，因为有许多问题是无从答、无法答、不该答或不便答的。所以圣人亦有所不答。孔子、孟子都碰到过这种情形，释迦牟尼佛对于这些问难也是置而不答。假如我们问先有鸡或先有蛋？置答。问先有男的或先有女？也置答。因为这些问题讨论下去，争辩将无止境，这不是人类的一般世俗知识所能了解的事，因此默然不语而置答。

古今中外，人心到底是相同。公孙丑接着问孟子"道"，也和现在许多同学向我问禅和佛法一样。公孙丑说，道真是好极了，可是太玄妙，太难了，像登天那样难，就是学不会，达不到，为什么不设法使人容易学呢？这就像有人说，我们中国文化不科学，何不用西方的科学方法，把它一条一条列出来，或者编成一个公式，大家照着公式不就可以学到了吗？

例如，有一个青年同学说，从前看不懂《易经》，现在看了英文本《易经》就懂了，因为英文《易经》上面清楚列出来了。我反问他，真的吗？可是我读了几十年《易经》，也还不敢说完全懂得；你花三五天时间，看了英文《易经》就说懂了，你既然懂了，为什么又来问我呢？然后我告诉他，外国人多半只知道一点皮毛就立刻翻译，立刻发表，自以为已经精通。一个教育家，谁不想把这"道"传给别人呢？但有时候正如佛所说的"不可说""不可思议"。但"不可说"并不是"不能说"，"不可思议"并不是"不能思议"，而是对于至高无上的"道"，只可意会，不可言传，因为没办法用言语文字表达清楚。所以公孙丑对于道很困惑，也希望编纲列目画成框框，像现代的统计表一样，一看就懂。

于是孟子告诉他："大匠不为拙工改废绳墨。"绳墨就是木工用来画直线与方格的工具，也叫作墨斗。一个好的木匠，不会因为徒弟太笨，而去改变原来已定的标准，因为一加一必定是二，一加二必定是三，没办法改变；羿教人射箭，也有一定的标准，不能因徒弟射不好而改标准，这便是"君子引而不发"。所以，教化最高的道理，是引发人性中本自具有的智慧，"无师自通"，并不是有个东西灌注进去使你明白。这种启发式的教育，活活泼泼的，如孟子所描写的"跃如也"，因此可以不偏不倚，"中道而立"。如果老师呆板地告诉学生，填鸭式教育，那就钉在一个死角，钻到牛角尖里去，不是"中道而立"了。

如果老师呆板地告诉学生，学生虽然懂了，但已经落后了几十年，等到学生赶上老师，老师又往前去了，而教育的目的是希望后一代超越前一代。如果引用禅宗的教育方法，来发挥孟子的教育思想，可举出很多例子。禅宗的大师们经常用"引而不发"的教育手法，对于聪明、伶俐、有智慧的人，轻轻点拨一下，使人自肯自悟，不然就是"误"了。

例如，宋代有位大禅师，遇到一位学问好、官位高的人，这人很恭敬地向大禅师问道："何谓黑风吹堕罗刹鬼国土？"什么是"突然一阵黑风把人吹到恶鬼的国度里去"？这位大禅师本来一脸慈祥，听了问题，突然变得一脸怒容，一拍桌子，瞪眼看着他，大声斥骂道："你哪有资格来问这句话！"那位大官原来很恭敬，无缘无故挨了顿痛骂，火可大了，回骂道："你这个和尚，浑蛋！我客客气气问你……"还不等他说完，大禅师立刻笑着说，你现在正是被"黑风吹堕罗刹鬼国土"了。这位大官忽然大悟，马上跪拜礼谢。

这就是"君子引而不发，跃如也。中道而立，能者从之"。禅宗的教育往往是这样。这还是容易了解的，有时被大师们蒙了一辈子。曾经有一部小说，里面有一个人武功最好，人也聪明，自认为天下第一。可是，另有一个人对他说，只要你能答复我一个问题，我就承认你是天下第一。这人问：什么问题？那人就问：你是谁？于是这个武功高的人自问：我是谁？可是答不出来，便一天到晚自问我是谁，就此疯了。

这个"我是谁"的话头，也正是孟子"君子引而不发"的教育原理，必须"能者从之"。倘若不是"能者"，是会发疯的。懂了这种道理，再去参禅宗"我是谁"的话头，也可恍然而悟了。

（选自《孟子与尽心篇》）

父子之间不责善

公孙丑曰：“君子之不教子，何也？”

孟子曰：“势不行也。教者必以正，以正不行，继之以怒；继之以怒，则反夷矣。'夫子教我以正；夫子未出于正也！'则是父子相夷也。父子相夷，则恶矣。古者易子而教之，父子之间不责善，责善则离，离则不祥莫大焉。”

——《孟子·离娄上》

孟子的学生公孙丑有一天问老师：依照古礼，父亲自己不教儿女，这是什么道理？青年朋友们要注意，将来自己有了儿女时，要怎样教育他们才比较妥当？儿女不由自己教，又交给谁去教？都要注意这一段对话。

依照古礼，父亲不教自己的儿女，但为了子女日后的立身处世，社会上有些坏事情是应该让儿女知道的。反观我们中国的父母，有几个敢把社会上的坏事，或者某些人的丑事，叫儿女去了解？从前我有一个朋友就很难得，对于烟、酒、嫖、赌等不良嗜好，都带儿女去看。可不是由自己带，而是转托朋友带他的儿女到这些场合去，好让他们认清楚什么是坏事，对自己有害无益的都不能做。这是教育的一种方法。

现在的年轻人真可怜！家长们拼命要他们读课本，不许看小说，结果读得一个个呆头呆脑，念到大学、研究所都毕业了，对于人情世故却一点都不懂。所以我常常鼓励他们看小说，我对自己的孩子也是如此，我不喜欢他们读死书，有时候我带着他们看小说，武侠小说、传奇小说什么都看。不过他们自己找来的小说要告诉我一声，因为有一部分小说，如果还没有到一定年龄则不必看，看早了不见得有好处。小说看多了，会懂得做人，也会通晓人情世故。小说上的那些人差不多都是假的，而所描写的事情却往往都是真的，至于历史上那些人都是真的，但有些事情你没有经验就无法了解，没有做过大官就不知道大官的味道，那就只有看小说才能通晓。

孟子在这里说，对儿女的教育，由父母亲自来教，在情势上是行不通的，因为父母望女成凤、望子成龙的心态，正面的教育很难。孩子想看个电视，父母就摆出威严的态度，用命令的口吻禁止；而朋友较为客观、理智，不至于过分严肃，实际上儿女已经很累了，看一点电视轻松轻松，并不过分。

孟子说，对于子女，我们当然要以正道教导他们。子女如果不听，就"继之以怒"，发脾气了，不是打就是骂，于是反效果出来了。据我所知，许多家庭教育所得的都是反效果，一些青年男女出了问题，都是家庭教育有问题，而不一定是问题家庭所造成的。父母太方正了，教育出来的儿女多半死死板板，这样的儿子再教出来的孙子，就板板死死，更糟糕。另有一种是反效果，方正、严厉的教育下，激起了叛逆的心性，那就更麻烦。这样看下来，我非常同意孟子这个观点。

而且，父母不许孩子说谎，而孩子却看见父母随时都在说谎，这是一个事实。父母要求孩子要这样那样，自己所做的又与所教的恰恰相反。像孔子、孟子常常教别人要守信，而他们自己有时却不守信，这又怎么解释？这就有层次上的差别，程度上的不同，教育有时候需要权宜变通，但子女还小的时候，是不会了解的。

所以教子女正，子女如果不正，就生气责罚他们，子女心里已经不满，再看看父母所做的，正与他们教自己的相反，就更愤愤不平。因此，父子之间的代沟，相互的不满，早在子女幼儿时期播下了种子，所以孝道是很难讲的，父母子女之间，如果有了芥蒂、嫌隙，那就太不幸了。

现在许多青年人都不满现实，其实不只是现在，无论古今中外，青年人都是不满现实的。纵然是最好的时代，一切都上轨道的社会，在青年人看来也是不满的、要挑剔的。中年以上的人都曾经走过青年时期，多少可以体会现代青年人的心理；只要从年轻人的一些小动作，就可以看到他们不满现状的心态。例如一堵墙壁，装修得蛮漂亮，他却要画上一条痕迹；一个好好的瓷瓶，他却要用东西去敲敲似乎才过瘾。他们这样做有理由吗？没有理由，这是潜意识的反叛性和破坏性作怪。所以青年人之不满现实，是当然的。作为一个领导人，在教育上、领导方法上，就要懂得这个道理。

古人易子而教，两个互敬的朋友，往往相互教育子女，因为父母有不方便亲教之故。像现在的青年，几乎没有不犯自渎毛病的，但父母们对于这种事都不教，因为不好意思开口。直到最近，教育界才开始正视和讨论有关性教育方面，但在有些偏僻的地方，老师们碰到这一部分的教材就避而不谈。

其实在六七十年前也有这种教育，聪明的父母们就想出变通的办法。其中之一，就是易子而教，由朋友来教，或者用讲故事的方式，引用某些因此受害的现实例子，做启发性、暗示性的诱导。这是为了孩子一生健康所系，不得不教。

孟子"父子之间不责善"这句话，千万要记住。父子之间不可要求过多。这个"责善"的"责"是责备求全的意思，"不责善"也就是不要过分求好。例如子女升学，参加联考，为父母的就要采取"考得取最好，考不取也没关系"的态度。许多眼前的例子都证明孟子这句话的道理，但也有许多为人父母者犯了过分要求的错误，犯得还很深，这千万要注意。

父子之间如果责善，就会破坏感情，就会有嫌隙。孝道要建立在真感情上才会稳固，父子之间能像好朋友般相处的很少。试看生物界，飞禽也好，走兽也好，子女长大以后，就各走各的，人为生物之一，本性上也是如此。由此可知，父母对于子女的责任，只是把子女教育成人，使他们能够站得起来，有了自己的前途，父母也就完成教育的责任了。至于子女以后对父母怎样报答，那是子女自己的事情，也不必存什么希望。再见吧！人生本来就是如此的。

父子之间一责善问题就大了，这是一方面；另一方面，万一遇到坏的父母呢？也同样地，子女不可以对父母责善，不可过分要求父母。

孟子为什么推崇舜？舜的家庭状况是"父顽，母嚚，弟傲"。父顽：这个"顽"不是顽皮，是非常固执成见、贪婪，像土匪一样。母嚚：嚚就是泼辣，十足的泼妇。假如有人在她门口弄脏了一点，她可以拿把菜刀，到人家门前骂上十天半月。弟傲：对于父母的坏处，他都遗传了，对哥哥舜，视如眼中钉，常想对付哥哥，是一个现代所谓"太保"型的人物。舜就出自这样的家庭，有这样的父母。

但舜和弟弟却截然不同，舜成为圣人。这在佛家的学术而言，应该是宿世种的因，现世的果报。以现代科学的遗传学来讨论，据我个人的研究，则属于"反动"的遗传。从历史上可以得到许多例证。譬如，父母非常老实的，往往生一个调皮儿子；父母很调皮的，往往生一个很规矩的儿子，道理就是"反动"的遗传，这是我个人的研究。

这个道理是根据生理学而来。例如一个好人，他的行为绝对是好的，可是这个好人是勉强做的，其实他对人恨透了，想发怒又不敢发，于是许多情绪都压制下去了。这种被压制的愤恨怨气潜伏在下意识里，遗传给了下一代，于是这孩子将来又凶、又坏、又狠，充分表现了上代内心坏的一面。至于一个坏人，也有大好心思的时候，他的这一面刚好遗传到子女身上，这个幸运儿将来就会孜孜为善。舜就是这样一个人，再配合他自己的先天禀赋，以及后天努力，于是成为圣人。舜有这样一个家庭，他的父母及弟弟多次害他，欲置他于死地，而他都幸运地躲了过去。后来当了君王，他还是依旧爱他的父母以及弟弟。

总之，父子之间应该不责善，宋明以后的理学家们有一句话，"天下无不是之父母"。我反对这句话！天下确有"不是之父母"。我们现在也为人父母，反问一下，我们样样都对吗？随时都有做错的可能，也有教错的时候。但是，身为儿女的，应该有"天下无不是之父母"的精神，以之来对待父母。父母有时要宽恕子女，而子女尤其要孝敬、体谅、了解父母，为了孝道，更要设法婉转改变这个"不是"的父母。这样并不是和父母对立，也不是反叛，所以"父子之间不责善"不是单方面的，而是双方面相互的。

扩而充之，不但父子之间如此，师生之间也是如此，长官部属之间也是如此，都不能责善。过分地要求，终究会发生问题的。明太祖朱元璋读《孟子》，读到"天将降大任于斯人也，必先苦其心志，劳其筋骨，饿其体肤"，才肯承认孟子是圣人；而我在读到《孟子》这一节时，最赞成孟子被称为圣人，孟子如此通达人性心理，而处理方法又如此之适当、清楚，真让人拍案叫好。

这一段话是公孙丑提出来问孟子的。那么我们要研究了，公孙丑为什么会向孟子提出这样一个问题来？当然不是师生之间吃饱了饭没事做，在这里闲磕牙。闲磕牙的话，也不会把它记录下来传诸后世了。或许是有问题家庭向公孙丑请教，公孙丑没办法作答，只好来请教老师了。我们要知道，在孟子那个时代，贵族的子弟们非常骄纵，孟子也说"富岁，子弟多赖"。像我们这个时代，社会安定，经济繁荣，国民富强康乐，而后代子弟，每易堕落。所以看到今天社会的繁荣，不禁为之担心。所谓"多难兴邦"，现代青年要多加警惕，不要一代不如一代。

（选自《孟子与离娄》）

曾国藩的教子经验

因为谈到父子之间的教育问题，让我们看看曾国藩介绍的有关父亲教子弟的一则笔记，他搜集得非常好，不需要我们再整理了。他为这一笔记安了个题目叫《英雄诫子弟》，大家可以找全文来学习。

在文章开篇，曾国藩说，历史上的英雄，思想、意境、度量都特别宽大，即"意量恢拓"。现代家庭、学校培养年轻人，特别要注意这四个字。现代的青年人差不多都胸襟狭隘、眼光短浅，薪水两万块一个月就可以了，如果能赚钱盖一栋十二层楼，那就更好。他们没有志在天下，也没有志在千秋万世，所以今天的青年看起来大多不可爱。

古代的英雄，虽然自己有那么大的器度，那么高的成就，可是在教育子弟上，却都流露出恭谨、谦退的修养。于是曾国藩列举出几位前辈英雄教育子弟的实例来。

第一个故事是刘备托孤。

刘备病危时，当着诸葛亮的面，告诉儿子阿斗"勿以恶小而为之，勿以善小而不为"，你自己有道德才能使人敬服，可不要跟我学，我一辈子都不行，道德修养还不够，你要好好跟丞相学，你对丞相要像对我一样。所以阿斗称诸葛亮为尚父，二人就是义父义子的名分。

刘备这几句是真心话，也很厉害，他非常清楚儿子是块什么料，也非常清楚诸葛亮是什么人。古人说"知子莫若父"，了解孩子最清楚的是父母，家长对子女做的事，常会处理不当，那是被偏爱、溺爱的心理蒙蔽了。

刘备教出来的儿子，也是第一流好手，尽管往昔对刘禅有许多责备批评，但我认为他应该是第一等聪明人。当诸葛亮死后，他一看辅佐无人，已经不可为，投降方为上策。当他做了安乐公，司马昭还测验他，问他过得怎么样，有没有不顺心的地方？他立刻说："此间乐，不思蜀。"看似没有出息，事实上他是第一等的高明，如果不这样说，性命都会丢掉，所以刘禅到底是刘备的儿子，真有一套。

读历史，要懂得当时的时代、环境，再设身处地去思考研究，否则会被历史骗过。如果自己执着一种成见去读历史，就更容易陷于主观的错误，得不到客观的事理与真相。

从诸葛亮的前后《出师表》中，也可看出刘禅的聪明，他玩弄了这位义父，诸葛亮对他毫无办法。而且他善于辞令，很会说话，《出师表》说阿斗"引喻失义"，他说的一些似是而非的道理，非常好听，歪理千条，可以把正理唬住，这是诸葛亮最痛心的事。读《出师表》，不要只欣赏它的文学价值，不要只看到诸葛亮的忠诚，这不能算是读懂了。事实上里面大多是他最痛心的话，诸葛亮等于说，你父亲这样诚恳地把你托付给我，而我也对你付出这么多的心血，可是你这个干儿子却如此不争气，有这么多毛病。

第二个故事是西凉李嵩训子。

李嵩是在西晋与刘（裕）宋之间，在边区西凉称王的。历史上描写他"秉性沉重"，很少说话，看起来很老实，头脑非常聪明，气度宽大，学通经史，并熟兵法。李嵩告诫几个儿子：当领导的，对于部队的奖励或惩罚要非常小心谨慎，不可以凭自己的好恶，对所喜欢的人多给奖金或升他的官，对所讨厌的人就不重用，这不是用人之道。要亲近忠正的人，疏远那些唯唯诺诺专拍马屁的小人，不要使左右的人"窃弄威福"。这一点很难做到，因为左右的得力干部往往在大老板身边不知不觉间掌握了许多权力，越是精明的领袖，越容易被左右大臣专权玩弄，做领导的要特别注意。

对于毁誉的处理态度，对于别人批评自己的话，听到时要能做到像不曾听见一样；但并不是糊涂，而是情绪不受影响。对于批评的话，是真是假，有理无理，要心里明白。至于恭维的话，差不多都是靠不住的，所以对于毁誉不要轻易受影响，应该自我反省，去了解这些批评或恭维究竟是真是假。至于听到对其他人的批评或赞许，同样要留心，究竟是真的，还是别有用意，都要辨别清楚才是。

但有时候，甲乙两人本来意见不合，而丙对甲说，"乙某说你很好"，这话虽然是假的，却可以促进他们之间的和睦，是善意的妄语。反过来，如果老老实实说"乙某对你有意见"，那事情的发展可就会更坏了。

扩而大之，在处理人事是非的争执，听取部下双方或多方不同意见时，一定要用客观并且和平的方式。比如说，总务非要增加某一设施不可，而会计说没有预算一定不办。这和打官司一样，各有各的理由。身为领导的，听了双方的意见，到底该办不该办，就非做判断不可，这时一定要和颜悦色，即使某一方面有欺上瞒下或犯了什么严重过失，必须加以处分，在言辞态度上也要尽量和蔼恳切，使对方知道忏悔改过。甚而你听了假话，虽然明知道是假的，也要注意听取，也许其中一两句是真话，同时假话也会反映出真相来，假话如有矛盾，更是找寻真相的线索。所以不可先有成见，认为说话的人是坏蛋，非判他死刑不可，这就容易冤枉人。更进一步，能让人尽量说出他想说的话来，在问话或听话时，还要态度轻松，声音温和，每件事务必听取多方面的意见，正反不同的意见，千万不可自认绝顶聪明而独断独行，如果自己想到怎样办就一意孤行地办了，那就不得了。

他继续告诉儿子要"含垢匿瑕"。一个做领导的人首先就必须做到"含垢"，对于一些脏的事情，不但要包容，甚至要去挑起来；有时冤枉还是替别人承担的，部下错了，宁可让人责备自己。为了培植部下，爱护部下的才具，给他再努力的机会，领导人就要"含垢"。这种修养可真不容易，谁都爱脸上有光彩，"含垢"则是将灰泥抹到自己脸上，这就要气度恢宏才能做到。"匿瑕"就是包容部下的缺点。天下人谁都有缺点，对人求全，则无人可用。

由于李嵩有上述种种优点，所以能做到"朝为寇仇，夕委心膂"，这种本事实在难得。尽管早上还是他的死对头，但是在他道德的感化下，下午就成为知心的好朋友，什么都可以坦诚相告了。李嵩待人就有这样的本领，而且不是故意做作，是自然流露，以诚待人，不论新旧，一律公平，坦然无任何区别，既不偏袒，也不会对某方面有所屈抑。

最后他告诫子弟，宽厚处世，在当时看来，好像没什么出息，显不出作用，但是长远下去，定会得到好处。也就是凡事不要计较目前，眼光、胸襟要放远大，学我这样的处世道理去做，将来或许可以接我的位子，这才不至于愧对历史上的先贤了。

第三个例子是宋文帝。这个宋不是赵匡胤建立的赵宋，而是南北朝时期宋、齐、梁、陈中由刘裕建立的宋。

宋文帝封弟弟义恭为江夏王，兼领荆、湘八州的都督，掌握长江两岸几省的军政大权。宋文帝写信告诫这位亲弟弟：天下大事多么艰难，国家责任又多么重，我们这个天下是父亲从艰危中打出来的，我们不过是守现成，可是守成和创业一样不容易，将来兴隆或是衰败，安稳巩固或是危险，都是我们兄弟的作为所决定的。你要特别注意体认父亲留下来的责任如此之重，我们随时都要有戒慎恐惧的心理，努力去做。

他又进一步训弟弟说：你的胸襟太狭窄，性子又急躁，想要做一件事，不管有否困难，不管是否行得通，非做不可，结果做到一半，意兴阑珊，不想做了，又改变计划，这是最要不得的，对于你这种个性，一定要设法控制。

他又引用历史上的大人物给弟弟做榜样：汉代的卫青是大英雄大元帅，他有两个长处：一是对知识分子非常有礼貌，肯向人请教；二是对低阶层的人非常体恤、照顾。而关羽、张飞则是任性褊见，不听别人意见，所以后果都不好。

他告诉江夏王，在个人修养以及处理事务上，要以历史上这些人物的优缺点作为借鉴。最后举出周公的例子，这是拿出了皇帝的手段。他说，假如有一天，情势有了变化，我不幸死了，接帝位的是我的长子，也是你的侄子，但是这孩子年龄还小，什么事都不懂，你要以司徒的身份去辅助他，像周公辅助周成王一样，凡事依师道、臣道而行。这许多话等于警告江夏王，这些毛病你如果改不好，再过几个月，我就要你下来了。虽然这只是兄弟之间的家信，表面上好像是闲话家常，而所谈的都是重点。可见在政治上，皇帝仍有许多情报，对弟弟的劝勉都是根据情报、针对事实而言的。

接着，他又告诉江夏王，处理司法案件时，往往会碰到一些疑难重重的案子，实在难以判决。这时候要格外注意，开庭时一定要心平气和地多听，千万不可先入为主，认为被告就一定是犯罪的，更不可嫌烦、动气而草草断案。不仅是司法审判，扩而充之，在行政处理方面，开会听取报告时，心里都不可先有成见，让别人尽量说出他们的意见，要采纳大家的意见，集思广益，而不是凭自己的情绪来决定。对于他人的好意见，好的主张，好的计划，应该照着去做，放弃自己原来并不成熟的构想。这样一来，成功的美誉自然也会落到自己头上来。倘若自满自夸，认为自己有独到的见解，比他人高明，不但遮断了言路，人家也要骂你独裁。

他又教育弟弟要多接近部下，约他们吃便饭，聊聊天，而且要多接见，否则与部下的距离越来越远，情况不明了，政事就无法处理妥善。

曾国藩引用这些人的故事以后，提出自己的意见，告诫子弟说，像刘备、李嵩、宋文帝他们，都是雄才大略，有经营四海、统一天下大志的人，而他们在教育子弟时，却都从最基本的做人处世上说起，谨言慎行，充分流露出谦冲的德性。这是关于"父子之间不责善"所引发的关于古人训导子弟的文章。

对于"不责善"一词的含义，前面也曾解说过，并不是教子弟不做善事，而是对子弟不做过分的要求。同时，"不责善"是对双方而言，孩子们也不应该对父母做过分的要求。扩而充之，师生、兄弟、夫妇、朋友之间，也应该相互不责善，而要适度地包容、体谅。

在《论语》中，子游说："事君数，斯辱矣；朋友数，斯疏矣。"对朋友的劝告，或者要求朋友帮忙，次数太多太过分，就会疏远。对于领导人，尽管是非常忠诚的劝谏，而当他个性倔强、执拗不听的时候，就不要再多说了，否则反招屈辱。在古代专制政体下，忠臣往往因而招来杀身之祸。

由古人"易子而教之"的教育方法，可知我国的文化是多么精深博大。现在从大学教育系毕业的同学，乃至于在外国得了教育博士的人，谈起教育理论来，道尔顿制、杜威制，这个制，那个制，这个主义，那个主义，好像头头是道，但往往忘记自己文化宝库中有如此珍贵的、永恒不变的教育原理。

清代彭兆荪在《忏摩录》中说："家庭骨肉间，只当论恩义，不当论是非；一校是非，则有彼我之见，而争心生矣。"在家庭父子、夫妇、兄弟之间，只能够讲感情，如果一谈到谁是谁非，问题就来了，这也诠释了孟子所说"父子之间不责善"的道理。

我们再研究，当时孟子为什么说这些话？是为了答复公孙丑的问题。而公孙丑又为什么提出这样一个问题来？我们知道，当战国期间，齐国是齐宣王当政，后由齐愍王接位，在大梁建都立国的魏国是梁惠王当政，后由梁襄王接位。在这种政权转移之间，可以看到一个很悲惨的画面。一个家庭内，父子、兄弟、姊妹在权力利害冲突下，失去了亲情，甚而互相嫉妒、伤害。所以"家贫出孝子，乱世见忠臣"，由这个观点看到的是人性美好面，因为在艰难困苦中，人性的善良面显露了，但是在富贵权势中却暴露出人性的丑陋面。这是从历史上看人事，所看到的是一种非常妙也非常矛盾的现象。

所以在佛家、道家的心目中，人类都是愚蠢的，做了许多愚蠢的事。这种种的愚蠢构成了历史，以此推论，历史只是许多错误经验的累积而已。

孟子说这一段话，是因为在战国时代，家庭悲剧太多，简直不可数计。臣子杀君王、儿子杀父母、兄弟家人互杀的情形，追究原因，不是一朝一夕的突发事件，而是整个历史文化、社会的悲剧，其来龙去脉，早就有了前因，才有这样的后果，到孟子这个阶段是如此，再到后世直至如今还是如此。这是很可悲的。

（选自《孟子与离娄》）

诸葛亮的诚子心法

一般人谈到修养，很喜欢引用一句话："宁静致远，淡泊明志。"这是诸葛亮告诫儿子如何做学问的《诫子书》里说的，现在先介绍原文：

夫君子之行：静以修身，俭以养德。非淡泊无以明志，非宁静无以致远。夫学须静也，才须学也。非学无以广才，非静无以成学。慆慢则不能研精，险躁则不能理性。年与时驰，意与日去，遂成枯落，多不接世。悲守穷庐，将复何及！

诸葛亮一生并不以文章名世，他的文章只有两篇《出师表》，不为文学而文学的写作，却成为千古名著，不但前无古人，也可说后无来者，可以永远流传下去。他的文学修养这样高，并没有想成为一个文学家。从这一点我们也看到，一个事业成功的人，往往才具很高，如用之于文学，一定也会成为成功的文学家。文章、道德、事功本难兼备，责人不必太苛。

诸葛亮在《出师表》外，留下来的都是短简，文体内容简练得很，一如他处事的简单谨慎，几句话问题就解决了。看他传记里，孙权送他东西，他回信不过五六句话，把意思表达得非常清楚。后人讲养性修身的道理，老实说都没有跳出诸葛亮这篇《诫子书》的手掌心。他以这种文字说理，文学的境界非常高，组织非常美妙，都是对仗工整的句子。作诗的时候，春花对秋月，大陆对长空，很容易，最怕是学术性、思想性的东西，对起来很难。结果，诸葛亮把这种思想文学化。后来八股文也是这样，先把题目标好，所谓破题，就是把主题思想内涵的重心先表达出来。

他教儿子以"静"来做学问，以"俭"修身，俭不只是节省用钱，自己的身体、精神也要保养，简单明了，一切干净利落，就是这个"俭"字。"非淡泊无以明志"就是养德，"非宁静无以致远"就是修身治学；"夫学须静也，才须学也"是求学的道理，心境要宁静才能求学，才能靠学问培养出来，有天才也要有学问修养的配合，这与孔子"学而不思，思而不学"的道理是一样的。

"非学无以广才"，纵然是天才，如没有学问，也不是伟大的天才。所以有天才，还要有广博的学问。学问哪里来的？求学来的。"非静无以成学"，连贯的层次，连续性的对仗句子。"慆慢则不能研精","慆慢"也就是"骄傲"的"骄"字。这个字很有意思，我们中国人的修养，力戒骄傲，一点不敢骄傲。而且"骄傲"两个字是分开用的：没有内容而自以为了不起是骄，有内容而看不起人为傲，后来连起来用叫作骄傲。中国文化认为，人不管有多大学问、多大权威，一骄傲就失败。所以《论语》提到"如有周公之才之美，使骄且吝，其余不足观也已"，一个人即使有周公的才学，有周公的成就，假如犯了骄傲和很吝啬、不爱人的毛病，这个人就免谈了。

我们中国人力戒骄傲，现在外国文化一来，"我有了他真值得骄傲"这类的话就非常流行，视骄傲为好事情，这是根据外国文字翻译错了，把骄傲当成好事。照中国文化规规矩矩翻译，应该是"自豪"或"欣慰"。这几十年翻译过来的东西，将错就错，积非成是，一下子没办法改。但是，为了将来维护我们中国文化的传统精神，是要想办法的。有许多错误的东西都要慢慢改，转移社会风气才是对的。

再回到"慆慢则不能研精"，"慆"就是自满，"慢"就是自以为是。主观太强，那么求学问就不能研精。"险躁则不能理性"，为什么用"险躁"？人做事情都喜欢占便宜走捷径，走捷径的事就会行险侥幸，这是最容易犯的毛病。尤其是年轻人，暴躁、急性子，就不能理性。"年与时驰，意与日去"，有些本子是"志"字，而不是"意"字，大概"意"

字才对，还是把它改过来。年龄跟着时间过去了，三十一岁就不是三十岁的讲法，三十二岁也不同于三十一岁，人的思想又跟着年龄在变。"遂成枯落，多不接世。悲守穷庐，将复何及！"少年不努力，等到中年后悔，已经没有法子了。

看诸葛亮这篇《诫子书》，同他做人的风格一样，什么东西都简单明了。这道理用之于为政，就是孔子所说的"简"；用以持身，就是本文所说的"俭"。但是文学的修养只是学问的一种附庸，这是做学问要特别注意的。

（选自《论语别裁》）

修身齐家要注意五个心理问题

《大学》有"齐其家在修其身"一段，特别提出了五个心理问题，是主持传统大家庭、大家族之家政的人，也包括所有主持社团或政党的领导人，最需要有自知之明，避免容易偏差、犯错的主要修养所在。

人之其（有）所"亲爱"而辟焉，之其（有）所"贱恶"而辟焉，之其（有）所"畏敬"而辟焉，之其（有）所"哀矜"而辟焉，之其（有）所"敖惰"而辟焉。

这五个"而辟焉"就是人们容易犯错误的五个最浅近平常的心理问题。上至帝王将相、王公大臣乃至工商业团体，甚至现代所谓的民主党派，下至每一个平民、小人物、小家庭，随时随地都普遍存在这些问题。"辟"字在古书古文上有多重释义，有开辟的辟，有庇护的庇。在《大学》里，"辟"等于偏僻、偏差甚至病癖。

先说亲爱。人一牵涉到亲情爱情，心理就有偏差，严重一点就心理失常，所有智慧、理性都会被感情蒙蔽。正如欧阳修所说："祸患常积于忽微，智勇多困于所溺。"岂但国家大事，就是三家村里的贫困小户人家，也随时会有这种情况发生，何况有权有势的家庭呢！可见"齐家"之道在"先修其身"的不容易。尤其现在只生一个孩子的家庭，大人们的亲爱、哀矜、畏敬、敖惰及至贱恶集中于一个孩子身上，真使人不寒而栗，更不敢想象将来后一代子孙是怎样的情况。

第二是贱恶。有关贱恶的事例，可见《春秋》及《左传》中旨在责备贤者的历史故事"郑伯克段于鄢"，这是最重要的先例。

第三是畏敬。包括两种成分：一是畏，二是敬。《大学》把这两种内涵合称为一个名词，等于是由畏而敬。这种现象在人的心理作用上，严格说是普遍存在的。畏敬是一种莫名其妙的恐惧感，尤其在宗教心理上更明显。举例来说，人为什么惧怕鬼神？因为你不知它究竟是真的有或是真的无。而且从有人类以来，个个说有，而又没真正见过，说看见过的或肯定相信的，究其实际，仍然多是捕风捉影，并不可以拿出实质证据。

所谓鬼神之说，也就是概括"敬天"或"敬事上帝"等"形而上"的，似乎另有一个作用的存在。任何一个顽强的人，虽然绝对不理会这些说法，但在他有某种身心状况发生时，仍然难免会起一种异常感受，或恐慌，或怀疑，那就是畏敬心理的原始作用。人的生命，有生必有死。但谁都一样，平生所最畏惧的就是死，因为人人都没把握自己几时会死，是怎样死，死了以后究竟又是怎样，还有来生吗？这些问题也都和畏敬心理密切相关。

不说死而说生吧！谁也不知道自己活着的一生，前途遭遇会怎样变化，受苦或享福？和我生活有关的父母、夫妇、儿女、财产、权位、主管、老板、政府、国家、世界等等，都是无法自定，无法可以前知的。因此，要算命看相、求神问卜、看风水甚至请人来相看办公室、床位等等。所谓"不迷而信"的"迷信"专家，就普遍地无所不有了，因为人们心中，从来就存在"事事不可知""患得患失"的畏惧心理。除了贪生怕死以外，怕没饭吃、怕没衣穿、怕没钱用等等，无论穷富，谁也难免一怕，这就叫作畏惧。

至于从小在家畏惧父母和兄弟姊妹；读书入学畏惧师长；学成做事畏惧长官、老板甚至同事、同僚；出门怕赶不上车；天晴怕下雨；不下雨又怕天晴。有人因为怕穷，怕失去了不能占有一切的希望，就不惜作奸犯法去偷人、抢人、害人；但也有人为了怕违背道德，怕违犯法纪，甘愿穷途潦倒一生。几乎一个人的一生，随时随地都在畏惧中，但又自以为是、自得其乐地过了一生。

总而言之，谁又不在畏敬中过了一生？但是，世界上什么最可怕呢？鬼神并不可怕，因为没见过。上帝、佛、菩萨也不可怕，天堂和极乐世界都距离我们太远。最可怕的是人，更可怕的是自己，尤其可怕的是人所造成的"人神"，它的代号叫作"权威"。其实，权威只是虚名，它没有一个实在的东西，但又把握支配了一切。它是以一个孤苦伶仃的可怜人为形象，是"寡人""孤家"，使人不想接近又想接近，望望然是很渺小，又好像很伟大。总之，是人人自我矛盾所造成的一个"偶像"。最好的偶像是没有自我形式，而以人人心中各别自我所形成的样子，它使人人心中自我自生有畏敬成癖之感，这就是"（人）之其所畏敬而辟焉"的最高原理。

畏敬心理不只是在对上辈的父母或长官而言，如兄弟之间、夫妻之间也很容易形成偏差。我们可以看到有些家庭，因为有一个哥哥或弟弟、姊姊或妹妹，个性特别或比较有才能，也就容易形成畏敬心理，甚至父母反而怕子女。这些事例，古今中外社会上，并不少见。至于普通一般人所说的怕老婆，当然也包括妻子怕丈夫的，那也是并不少见。历史上比较出色的，就如汉宣帝时代的霍光，功在汉室，但为了畏敬他的妻子霍显，为了女儿做皇后，最后弄得身败名裂、家破人亡。又如，隋文帝杨坚畏敬他的老婆独孤皇后，结果两夫妻都受了第二个儿子杨广的阴谋欺骗，弄得一手所创的统一国家局面就此而亡。

第四说哀矜。"矜"这个字有"自满"及"怜惜"几重意义。"哀矜"用现代话来说便是怜悯和同情，犹如孟子所说的"恻隐之心，人皆有之"。它是人性固有的爱心和同情心，尤其是女性在这方面的反应，比之男性更为明显。因此常常有人引用古代成语，所谓"妇人之仁"。其实不要轻易曲解"妇人之仁"这句话，把它当作无用的代名词，扩充"妇人之仁"，才是大仁大义、大慈大悲。就怕你连"妇人之仁"的仁心都没有，就不必假借大仁大义来掩饰自己了。

例如，佛说慈悲，就与中国传统文化的"仁"字同一意义。但佛把"仁"心用两极分开来说，便叫"慈悲"。"慈"是如父（男）性、阳性的爱，"悲"是如母（女）性、阴性的爱。"慈悲""仁爱""哀矜"本来都是好事，但亦不可受自己心理的蒙蔽，发展成偏向的一面。如果变成偏心、偏爱，不但不能"齐家、治国、平天下"，甚至也不能"修身"，不能自处。

我们也可以从佛学中了解"慈悲"另一面的作用，如说"慈悲生祸害，方便出下流"。这种道理和人生实际行为的结合，"运用之妙，存乎一心"。不然，就犹如现代一般人，在那些报屁股或杂志的尾巴上，看到学到一句"爱心"或"爱的教育"的皮毛，就一味只以"爱"来教养子女，最后多半变成"爱"

之反而"害"之。希望大家真要"好学""慎思""明辨"它才对。

第五是敖惰。必须先了解"敖惰"两个字的意义。古文的"敖"就是后世常用的"傲",也就是骄傲的傲。但严格来讲,骄比傲更厉害。傲是内在的,正如古人所谓此人有傲骨或有傲气,这还代表了一点赞许,而骄就有使人受不了的粗暴之感,如果又骄又傲,那就什么都免谈了!例如我们现代,常常为了某件很荣耀很得意的好事,便说"值得骄傲",那就完全用错了词句,把中国人自己变成没有文化的国民了。这是几十年前那些翻译者的粗心大意,把 proud 这个洋文字译错了,事实上是"值得自豪"的意思。"惰"字当然是指懒惰。但严格地说,惰是不太勤快。借佛学来说,叫作"懈怠",太过松懈,得过且过,马马虎虎,就是怠。换言之,懈怠就是惰。"懒"就不同了,此"心"从"赖",根本上就是什么都不愿意做,不肯动,不想动作。正如《西厢记》的一句诗说:"万转千回懒下床",那是真懒。

《大学》把"敖"和"惰"放在一起,这个用法真妙,它就代表了一种心理状态,自"傲"而养成"怠惰"的习性。犹如富贵中人的子弟,古代所谓"世家公子"或"千金小姐",现代所谓"高干子弟"或"豪门",因为从小受家庭环境的影响,不知不觉"傲"惯了,就什么事都"懒"得去做,变成"颐指气使"，努努嘴、抬抬手，或用一个指头点一点，或用眼睛瞪一下，指挥别人去做，这就是"傲惰"。我看，现在很多年轻的父母，专讲所谓"爱心"的教育，常常养成孩子指挥父母大人去做事，孩子反而大模大样，坐在那里摆架子，这真使人"望之生畏"！

我们人与人之间的闲谈，经常会碰到有人问起：你看将来的社会或将来的时势怎么样？这是人人关心的问题。从前跑江湖、混饭吃的算命先生，有一句成语说"上门看八字"。这是说，只要进到你的门口，四面八方看一看，早已知道了你这一家兴旺不兴旺，不必等你报上生辰年月，命已算过了。你要问将来的时势和社会趋势，多看一下后一辈的孩子教育文化，就可大概知道未来了。孟子有段话说得很对："富岁子弟多赖，凶岁子弟多暴。非天之降才尔殊也，其所以陷溺其心者然也。"富贵家庭或是社会富有了，就会养成青年人多"赖"，爱炫耀、爱耍阔、爱奢侈、好高骛远。社会苦寒，家庭贫穷，就会使青年人容易走上"暴戾"愤恨的路上去。这并不是天生人才有什么差别，只是因为受环境压力造成的心理沉没的后果。除非真能刻苦自励、专心向上，才有可能跳出"世网"。又如我们小时候读的名句，"国清才子贵，家富小儿娇""马行无力皆因瘦，人不风流只为贫"，虽然短短一两句话，如果你能"闻一而知二三"，也可了解它和孟子所说的都是同一意义。这样就可以知道《大学》所说"敖惰"的心理情状，它的内涵并不简单。

再进一步来说，《大学》提出的"亲爱、贱恶、畏敬、哀矜、敖惰"五个重点，最容易构成人的心理偏差。上面只是大略加以研究理解而已，实际上还是很简化的。倘使照中国文字学来说明，这五个名词所包含的问题，都有正反双向和多方面的内容存在。而且一个字就包括了一个概念，并非两个字只包含一个问题。例如，亲和爱、贱和恶、畏和敬、哀和矜、敖和惰，每一个字都包含不同心理状况、不同意识形态的心理现象。并非两个字或多个字，只代表了一个概念。这就是今文和古文不同的特点。

接着，《大学》便说出了最重要的结论：

故好而知其恶，恶而知其美者，天下鲜矣。故谚有之曰："人莫知其子之恶，莫知其苗之硕。"此谓身不修，不可以齐其家。

这是说，一般人尽管疼爱自己的家人和儿女，但必须明白在疼爱的同时，还要了解他有反面的坏处和恶习惯。换言之，当你讨厌家人和儿女的同时，也要切实了解他有美好的一面，不可单凭私心好恶就全盘偏向。但是，人是很可怜可悲的，往往只凭主观成见就否定了一切。人最难反观自己，最难反省自己，所以曾子很感叹地说，能不被主观成见所蒙蔽的人，举目天下，实在是很少见啊！但他并非说绝对没有，实在是太少了而已。因此他又引用当时民间老百姓的俗话：一般的人们都不知道自己的子女有潜伏的恶性习气，正如不知道自己种的稻谷苗芽天天长得多大多好啊！

"莫知其苗之硕"这句很有意思，如果你是在农村长大便会知道，老农友们每天还没见亮就起身，走到地里转一圈，看看自己种的稻谷麦子老是那么高，没有长大，很着急。但偶然回头，四面一看，别人种的好漂亮，长得又快，看来实在很泄气。其实别人看他的，也是一样的感觉，为什么呢？因为天天在眼前看，就看不清楚究竟，所以凡事要冷眼旁观才清楚。俗话说，"当局者迷，旁观者清"，看人也是同样。又有一句土话说"丈母娘看女婿，越看越有趣"，这是因为丈母娘"爱屋及乌"，受自己女儿"所亲爱而辟焉"的影响啊！

再进一层来讲，《大学》所讲的"修身、齐家"的方向，并不是对现代小两口子的"小家庭"来说，这是针对古代宗法社会所形成的"大家庭""大家族"来说。换言之，这里所说的"修身、齐家"之道，由小扩大，也就是对做国家领导人的王侯将相所讲的领导学问和修养。如果照现代来说，凡是政府或政党、社团，工商业的公司、会社等的领导主管，要讲什么治理或管理之学的，便首先需要了解自己的修身问题。

我们须知道所谓的"家"，是由一个人和另一个异性的密切结合，共同组成物质生活和精神生命的具体象征。由一男一女变成夫妇的关系，必然就会有了子女，再变而成为父母。有父母子女，当然会有兄弟姊妹的形成。

在以人为中心的世界里，基本上始终不能解脱以家为中心的作用。因为人是有情欲也有理智的，毕竟不同于无心无知的矿物、植物，也不同于一般动物，可以完全机械式地加以限制管理。因此，在人的社会中，始终存在着以家为主体的结构。但这个结构在哲学逻辑上也只是一个具体的象征而已。可是由于有这个具体的象征，家与家的联合集成，便形成为一个社会。换言之，家是社会的基本单位，由于家扩大为社会，社会便是一个大家庭。家与社会再扩大结合，就形成为一个更大的结合体，那就是所谓的国家。由此可以了解，无论是旧学或新知，说过来说过去，"歪理千条，正理一条"。

明白了原本《大学》所说家的观念，是大家庭、大家族的内涵，它跟西方后期文化所说的社会具有相同的性质。同时，需要了解《大学》所说的修身齐家之道，可说是指示我们对于家庭和社会团体乃至政府、政党、公司等领导哲学的认识，和领导人的学问修养的目标。

　　例如一个人，处在社会领导的地位，不管所领导的人有两个或多个乃至成千上万，他所负担的责任就是这个社会的大家长的任务，又略有不同于自己血缘所属家庭的关系。因为所领导的人来自四面八方，每个人的出身背景、家庭教养、文化教育程度，甚至宗教信仰等等，都各不相同。尤其如我们大中华的民族，因为有几千年文化的各种熏习，更为复杂。我还住在美国的时候，常常对华侨社会中的同胞说：我们的民族习性，有两个人在一起，就会有三派意见。而且正如我们自己的批评，"内斗内行，外斗外行"，这真是最可耻、最要命的恶习。所以我们上古传统的文化，早就教导我们做一个领导人的三大任务，就是要"作之君，作之亲，作之师"，并"如临父母""如保赤子"。必须要求自己学养的成就，可以做这个社会的长官（老板），也可以做这个社会的父母亲人。更重要的是，也可以做这个社会的大导师。同时，对于所领导的社会成员，要有耐心地教育他、教养他，就像父母或保姆对待孩子一样。

　　当然，如果是在负责教育的岗位上，也必须有做学生的领导、父母、保姆一样的修养学识和心情才对。不是只做一个"经师"，传授知识，必须同时是一个"人师"，有形无形教导一个学生或部下，怎样做一个人。当然，假如能教导出一个学生，最后成为"完人"或"真人"，那就可说已对得起自己的一生，是为"圣人师"或"天人师"了！

（选自《原本大学微言》）

德行教育的四个重点

子曰：三人行，必有我师焉。择其善者而从之，其不善者而改之。

——《论语·述而》

孔子说，三个人走在一起，其中一定有可以做我老师的。其实这句话还是打了折扣，应该说各个都是老师。比我好的固然是我的老师，不如自己的也是老师。因为看到他笨、他坏，自己就会反省。这句话同时说明，研究学问不光是在死书本上下功夫，还要在社会上观察。

这话听起来很平常，大家都懂得它很对，应该这样做。可是照我们的经验，人都不肯这样做，包括我在内，人们多半有一种傲慢心理，发现一个比自己好的人，心里很难受，再过两秒钟，觉得自己还是比他好，于是越想自己越好，有如当年乡下人说的："天大，地大，我大。月亮下面看影子，越看自己越伟大。"人类就天生有这种劣根性。

所以孔子这几句话看起来很平淡，没有什么难处，仔细研究起来，若说在人群社会中，真发现了别人的长处，而自己能从内心、从根性里发出改善、学习的意念，是很不容易做到的。

跟着下面又提出来孔子的教育宗旨。

子以四教：文、行、忠、信。

——《论语·述而》

现在有些研究孔孟学说的人，跟着新时代走，说孔子非常科学，在当时就有文、行、忠、信四门类别，好像现在分科分系的教育法，这是说笑话了。

第一项是"文"。包括了知识和文章。广义的文章包括文采、字句和条理，章是连起来的一大篇文理。狭义的文章是指文字作品，这是后世观念。在春秋战国时候，文应该是广义的，包括了一切知识及文学。

第二项是"行"。文章好，知识好，充其量变成文人。学者们要注意，古人早就有"文人多无行"的说法。就是说，知识多了，正理、歪理，条条有理，因此凡事满不在乎，便成了"名士风流大不拘"。还有，往往文章写得好的人，并没有什么实际的功业。看中国三千年来文学史，文学造诣高、诗词歌赋都行的人，在事业上并没有什么了不起之处。以诗人来说，杜甫、李白在其他方面没什么大成就。在功业上有成就的人，不一定文学是好的。

不过，像唐代几个皇帝，文章诗词都非常好，尤其唐太宗诗作得非常好，不过他不肯作，书法也好。所以唐代文学好，是帝王们提倡的。宋朝的儒家，理学讲得好，推其原因，也是受宋太祖的影响。赵匡胤本身就内行，所以说转移社会风气在于一二人者，但不是你我一二人。然而，有功业的人，他的丰功伟业又往往盖住了文学上的才气。所以孔子四教中的"行"也不是单指普通的操行，而是指一生事业的成果。

第三项是"忠"，不是唐宋以后所讲的忠于某一个人的意思。孔子讲的忠，是对国家、社会、父母、朋友，任何一人一事，答应了就贯彻到底，永远不渝的诚心。

第四项是"信"，就是有信义。

这是孔子教育的四个重点，不能够分开的。如果说他是分科，那就是笑话。

谈到这里，我们对于中国现代教育，感慨很多。今日的教育，实在是一个严重的问题，尤其是对于我们国家民族文化的前途，更是个大问题。我经常觉得，中国这几十年来的问题，根本发生在教育上，而且很严重。西方偏激思想之侵入，就是当年教育出了问题。试看全世界每一地区、每一个国家，开始转变，开始倾向偏激思想的，都是知识分子，等到大家觉悟已经迟了。其次偏激的是资本家，这实在是大问题，需要有学问、有眼光的人去研究它的道理。

至于穷人翻身的问题——翻了身，还是一穷二白。为什么这样呢？这与教育问题有绝对关系。甚至三千年来的历代兴衰，都与教育问题有关。古时候，我们没有明文规定教育的目标，而现在规定了，但在学校里并不算成功。什么道理，很值得研究。过去虽没有明文规定的教育宗旨，但读书人根本上要把品德修好，这是公认的目的。

可是近几年来，跟着西方文化转，尤其是现在美国标榜"教育就是生活"的教育方针，大家体会到的生活就是现实，不外物质。教育的目标也因而移转，完全忽略了心性的修养。搞到现在怎么样呢？有一个学生，是前几年师大毕业的，已得到硕士学位。一天来看我，我问他我们的教育目的是什么？他说："老师，我们的教育目的是考试啊！"这句话讲得很沉痛，我们只好相对苦笑。是嘛！小学毕业以后考中学，考进了中学，小学所学的没用了，丢了；中学毕业考高中，考进了高中，初中学的没用了，又丢了；高中毕业考大学，高中所学的又没有用了，当然也丢了；等考取留学又丢了大学的；留学回来，参加公务员考试；当了公务员，还有升等考试。三年一大考，两年一小考。是嘛！我们的教育就成了考试。其实，考过了又不算数。清代有人对考试的评语是："销磨一代英雄气，官样文章殿体书。"现代科学八股的考试方法更可怕，将来很可能要变成"销磨一代精神气，电脑规程机械书"。

前天，一位有名的国文老师来看我，也叹说电脑教育、电脑考试，越来越不对。现在高中三年级的教育，谈不到教学问，只是告诉学生，用什么方法应付这种考试。像国文方面，一个名词除了教他们正确的解释之外，还要告诉他们四五种不正确的答法。再加上一些课本在编的时候本身就有问题，中学老师接到这种课本，发现有问题，早已向教育部提出来，但没有人理会。现在临阵了，报上才登出来说有问题。而这些地方在上课时，只有告诉学生，这是有问题的，只要注意将来如何应付考试就好了。

这就是教育！怎么办呢？

现在我们讲到孔子教育的宗旨，就是文、行、忠、信。过去向德行的路上走，对于学生知识、学问的成就，还是第二步的要求。既然受过教育，至少第一步要打好品德的基础。几千年来，我们中国人的道德为什么如此敦厚呢？就是德行教育的结果。所以文、行、忠、信并不是四科，以现代观念勉强来解释，应该是它的教育中心。文，包括了文学乃至一切学问的完成；行，狭义的是行为、品德，广义的是事业的成果；忠、信是内心的修养，人格的造就。

（选自《论语别裁》）

师道尊严与人格修养

孟子曰："天下有道，以道殉身；天下无道，以身殉道；未闻以道殉乎人者也。"

公都子曰："滕更之在门也，若在所礼；而不答，何也？"

孟子曰："挟贵而问，挟贤而问，挟长而问，挟有勋劳而问，挟故而问，皆所不答也。滕更有二焉。"

——《孟子·尽心上》

孟子这段话，是中国文化一项很重要的师道精神。

"中国文化"这个名词是现代人提出的，以前只是叫人读书明"道"，而且要读通。要注意的是"读通明道"不是只读"懂"而已。读一本书，懂得它的文字和含义不难，可是要"通"就难了。依古人的目标来，许多人读书并没有读通，而是读"塞"了，那是不通。所谓"通"，就是所做的学问，经也好，史也好，包括农工科技等各种学术，都能相互通达，融会贯通；而且做人处世之间，也能明白畅通，这就太不容易了。

　　"天下有道，以道殉身"这个"殉"字，有自然顺从的意思，可不要看成是"殉葬"或"殉情"。当天下有最高度文化的时候，人类就完全自然生活在"道"的文化中，一辈子都活在道的自然德性中。

　　其次是"以身殉道"。当时代社会处在变乱中，道德沦丧，文化堕落，一般人为生存只好不择手段，互相争斗，唯利是图，只顾个人生命需要而自私自利，没有时间管什么道啊德啊。这种情况，就是古人所谓"覆巢之下，安有完卵"，一个有道德的人再想做"中流砥柱"，绝不可能。所以自古以来，道家或儒家的有道之士，就采取避世、避地、避人，隐遁山林，以待时机再出山弘道。

　　这种时势在我们五千年的历史上，有很多次的惨痛经历，大家只要一读历史就可以明白。再说老子、孔子、孟子这些圣贤，也都生在时代离乱的环境中，他们无可奈何，只好讲学传道。他们在滔滔浊世中，做一盏暗路的明灯留给后世，薪火相传，不断道统，这就是"以身殉道"的精神。

　　依孟子所说，自古传承道统的圣贤只有两条路：在太平盛世，天下有道时，以道殉身；在天下变乱时，以身殉道。至于"未闻以道殉乎人者也"是说，不论人类社会的思想、教育、物质文明如何演变，道的文化精神，虽然看不见、摸不着，却万古长存，变动不居。所以不管贫穷低贱、富贵通达，都要安于这个道，独立而不移，不要因时代的变乱，各种学术的混杂而改变自己，对别人的学说盲目随声附和。如果歪曲自己的正见，而讨好时代的偏好，就叫作"曲学阿世"。

接下来，"公都子曰：滕更之在门也，若在所礼；而不答，何也？"这是孟子所说五个教育方法中的"答问"问题。孟子的学生公都子提问，有一个名叫滕更的人，是一个小诸侯的弟弟，类似后世的亲王、高干子弟之类。大概他有什么问题，孟子没有答复他，所以公都子问老师，滕更也是你的学生，至少也算是及门的弟子，他问你，你不答复，这是为什么？

孟子回答了五种不答的情形。首先是"挟贵而问"，就像孟子见梁惠王，梁惠王那种口气——"叟，不远千里而来，亦将有以利吾国乎？"老头儿，你那么远跑来，对我国有什么好处？这就是"挟贵而问"。孟子一听，就给梁惠王过不去，说："王何必曰利？"给梁惠王碰一个橡皮钉子。

有人是"挟贤而问"，这在社会上常常看到。有人修为了几十年，自认有道，对于不知道的问题，向人求教，学来以后，装成一副自我高明的样子说："你说的和我的意见差不多。"

有人是"挟长而问"，自认年高，总以为自己是对的。他不懂的问题，向人请教以后，大摇大摆捋捋胡子说："可以，可以。"好像说，你这小子还不错。

有人是"挟有勋劳而问"，有身份、有地位、有高官厚禄的人，被恭维惯了，他有问题问你，心中已经觉得是看得起你，你可以笑而不答，或婉转推开了事。

还有人是"挟故而问"，出于其他的原因，故而假借一个什么问题来接近质问你。

孟子说，这五种情形都是有问题的，而滕更占了其中两样：第一，他是高干子弟，"挟贵而问"；第二，他另有目的，"挟故而问"，所以不答复。

从这里我们看到了孟子的人格，表现出师道的尊严，而且比孔子看得还更严重。孔子是有教无类，孟子是有所斟选。

孟子讲教育、文化思想，以及态度方面的问题，到此告一段落。接着是另一高潮，讲到个人的修养。

孟子曰："于不可已而已者，无所不已；于所厚者薄，无所不薄也。其进锐者，其退速。"

——《孟子·尽心上》

孟子这一类的文字，年轻人看来，会感到头痛。"不可已""而已""不已"，已来已去，两句话三个已，其他多是虚字，不知说了些什么。译成白话就是："有些人，对于明知做不到的事，还偏要去做，做得乱七八糟。这种作风发展下去，就没有他不敢做的事了。"个性僵化的人对于一切事都僵到底。

这种倔强的个性有时候很可爱，但是犯了一个"于所厚者薄，无所不薄也"的毛病，对轻重厚薄分不清楚。这类个性并不是坏事，一个人除了缺点以外没有长处，任何一个人都有他的缺点，但是他的长处亦就在他的缺点上。例如，老实是长处，老实人就笨，笨即缺点，但人不笨就不老实。长处也一样，太过分就是缺点，人若聪明过分，就会滑头。所以人要能认清自己的长处与缺点，轻重厚薄也能分得清楚，那么缺点就会变成长处了。该厚的时候厚，该薄的时候薄，该轻的时候轻，该重的时候重，对自己处理得恰到好处。所以僵化的个性，不是不可以，但是也要做到适当的程度才好。

因此孟子下一个结论，也是千古不易的铁则："其进锐者，其退速。"进步得太快，退下来一定也很快。就教育而言，有些父母，如果自己的子女聪明过度，不能再把他当作聪明去培养，不能使他做超越年龄的进步；宁可培养他的厚重，让他在知识上的进步慢一点，向下扎根基深厚一点，培养健壮的身体。否则的话，把他当"天才"去教育，到最后会把孩子弄到岔路上，这就是进步得太快，退步得更快。做事业如此，做学问如此，做功夫谈修养也是如此，不要求急进，太快了不是好事。急进容易落于侥幸，侥幸得来的，就不能长远保存，一定要功夫到了才行。凡事要慢慢来，这就要记住孟子这两句名言。现代青年往往犯了"喜欢快速成就"的毛病，结果基础不稳固。就像写毛笔书法，只求快意，草书不像草书，简直是鬼画桃符，他自己却说是创新的书法。假如古代有草圣之誉的米南宫（米芾）见到，恐怕也要跪下来投降了。

（选自《孟子与尽心篇》）

尊师重道精神的沦丧

尊师重道是人类文明的共通德性，无论中外都一样，只有礼仪形式上的不同，并无精神上的差别。但在五千年中国文化的传统中，师道的尊严、尊师重道的精神和礼仪上的风气，俨然已与君道互相对峙，构成"政""教"互助的特质。只要读过历史（不是现在学校里的历史课本），懂得中国文化史的人，都是了然于心，不待细说。即使没有读过书，没有受过教育的人，在文化传统熏染中，也都知道尊师的重要。尤其在过去民间社会，不读书，不进学校，自由从师学习百工技艺为业的人，终其一生，尊师重道的精神和行为，比起读过书、受过教育的人，有过之而无不及。至于习武的人，对于尊师更加重视。但在二十世纪，师之不尊，道之不行，其所由来者久矣。因此政府与社会苦心复兴中国文化，强调尊师重道的行谊，每逢一年一度的教师节，特别提倡敬师的运动，实在是煞费苦心。

可是多少年来，尊师重道的风气，确实改进了吗？事实并不如此。相反地，如果深入观察，反而看到现代师生之间的彼此排挤、倾轧、嫉恨、轻视甚至互相谩骂，处处皆是。

现在我们来检讨一下，教授、老师们何以会受如此冷落，这也许与现行教育制度和学风有绝对关系。

旧社会，书院或家塾里请一西席老师，无论家长或代表学生和家长的是什么地位，都需不厌其烦地亲自依礼去请老师，表示这并非给恩赏饭吃。可是这种尊师重道的风气，现在变得没有影子，不管公立的大专学校或私立大专学校，只要能聘请你当老师，不但是天大的面子，而且对你真有恩同再造的衣食父母之慨。所以当一纸聘书寄到你家里来的时候，应该犹如接捧古代皇帝诏书一样，喜从天降。身为学校当局的负责人，还有谁肯保持中国文化的礼仪，公然地为学生做代表或派学校的大员，执礼甚恭地送聘书呢？

尤其有一类私立专校，由一两个略识之乎的老板唯利是图地创办起来，请老师是当作赏饭吃，那种踌躇满志、睥睨一切的神气，实在可使书生们不寒而栗。有的同学出去任教，碰到这种情形回来和我谈起。我说：老弟们，学问的养成，气节最要紧。做工、当小贩的职业与你的学问并无关系。甚之"多能鄙事"更可接近孔圣心传，何必一定要做教师呢？何况事实上，一校、一院、一系都画满了圈圈，如果夤缘不到，不能得到学校老板青睐，纵然"才高八斗，学富五车"，照样投闲置散，无法上得讲台。加以社会安定，一切上轨道，有制度，论资历和年资限制，又正好作为阻挡的借口。稍有才具的人，不免多有些意气，于是，讨厌意气而不欣赏气节，便从此打入冷宫。或者你教学教得太好，碰到老板们不高兴，同事妒忌，就明褒暗贬地从此不给你开课。

由于这些道理，就引出我的第二个故事。这个故事，还只有两三年历史，是我亲身所经历。有一天下大雨，我与某某名经济学者一起候车上课，大家已经半身雨水，不堪其苦。我说："唉! 现在真是工商业的时代了，能够讲礼仪、尊重师道的也只有在军事学校了。他们接教授，有专车，迎送都到家门，始终礼遇不衰。除此以外，其余不足观也已。"这位学者听了以后便对我说："老兄，说你不懂经济，一点不错。你要知道，现在的学校制度，哪里是工商业行为? 其实都是官气。你应该知道，工商业要点是顾客至上，学生固然是顾客，当老师的也是顾客啊! 谁叫你不去办个学校，也请我这个顾客上去讲讲课呢!"

除了因为学校制度而形成师道沦夷的因素以外，社会和家庭教育方面也逐渐地丧失了传统文化精神，并不真正重视师道。因此与学校制度互为因果，便使五千年来的礼仪之风，几乎不绝如缕，这也便是最大原因。过去的尊师，因为某一个人的"传道、授业、解惑"之关系，所以对于传授精神生命学问的老师，终身视之如父。现在是以母校为标榜，一切的荣誉归之于学校，教师只是学校的一分子，纵然有好老师，一切荣誉也只有归之于学校，与个人无涉。

而且工商业影响整个时代，老师按月领薪水、拿钟点费，等同工商业行为，所谓上课也者，便是出卖知识而已。品行和人格教导，当然由训导处去负责，何必多事！教室和讲台上的蛛丝尘渍，自有总务处来管理，不必劳心。教师们没有固定的休息室，没有固定的茶水供应，那是活该，又有谁来管你？下了课，赶快要去赶交通车，学生要想在课外请教，实在没有时间，也没有地方。交通车脱了班，自掏腰包划不来，这个月的生活预算怎么办？至于负责德育的训导，以及具有"内相"之才的总务，是否真能做到与负责智育的教务互为一体，那也只有天晓得。

其实，办总务和管训导的，根本各自为政，谁也没有做到，谁也没有责任。因此有许多学生一离开校门，"怨声载道，有口皆悲"，更影响了家庭和社会对于学校的轻视。学店观念和只要有学历的思想便普遍流行，谁还管你老师的好不好呢？结果弄得对于个人尊师重道的风气沦丧殆尽，对于学校的情感和信赖，也只是若存若亡而已。

讲到家庭教育，又使我联想起几个学生在外面当家教的情形。综合他们回来谈话的结果，便会使人想到现在的家庭教育需要重整，更有重于学校的隐忧。旧式的社会，家教便是教师，师严而从道尊。现在的请家教，是由于社会风气和有些家长盲从升学主义的促使。大致说来，可以把他们分为三类。

第一类：家长们也是受过教育的知识分子，不过都是现代人，学问思想像我们一样，大多都在不中不西、不古不今的夹缝中。望子成龙心切，更有崇拜自然科学的时髦感，不管子女的天才和本质如何，只是要求老师努力朝这一方向去教导孩子，有时候自己还顺便扮演一下旁听学生兼督学，往往弄得家教老师吃不消，知难而退。

第二类：家长们，尤其主妇们，上了牌桌就六亲不认，孩子学业（考试）的好坏，一切责之于家教老师。学生们考不好，老师便是冤家。学生们考得好，就认为"这个家伙"还不错。

第三类：惨了！学时髦，请家教，根本就不知道为什么。家教老师教完了，还凭特殊的身份，克扣报酬。有一次，一位女同学当家教，碰上了这桩事。这位女同学小人气大，并不管学生家长是什么职位和身份，准备到他办公室去要。双方是否都有错，很难说。但的确有一二人还有要不到的呢！我们试想，家道如此，师道如此，中国文化怎么办？

讲了半天尊师重道的闲话，看来好像都是学校、社会、家庭的不对，老师们都是绝对的对似的。其实，人靠平地才站起来，同时也正因为有了平地才使人跌倒！现在教育的进步和教育的普及，比较三十年前大有天渊之别。但是我们的国家，我们的文化，又加上正在一个古今中外的回旋中求复兴，求建设，所以忘记了旧的人格修养的教育思想和教育精神是"学问"，新的学识和技能的教育是"知识"。因此观念的分野，混淆不清，所以教育思想和规定就乱了章法。

同时，人文学科的重要和科学新知识的重要，更没有完全分别确定其尊崇的地位，因此教育上的科目和课程，一味乱排，轻重倒置。又加上教育的来源不同，倾倒欧洲派和美国派的学人意见互相冲突，因此更使中国文化徒具口号，并无实质内义可循。

这还是对于教育前提的荦荦大者而言。其中的前因后果，各个存有许多关键，一时言之不尽。至于从事教育事业的老师人才，扪心自问，是否真为教育而教育，这是一个很大的问题。虽然多少年来，自有专门培养教育师资的学校和学系，但是有关培养师资的教育之教育的问题也还不少。而且最大的原因，从事教育的已经有明文规定成为公教人员，因此做教师的是否都具有一片赤心为国家、为民族教育子弟而任教，或者仅为个人生活的需要而谋求任教为职业的，更须大加反省。

中国文化过去的明训是"学而优则仕"。但是过去的学而优不仕，而专为教师的真也不少。现在呢？一切受西方文化表层的影响，学而优则商，商而不优则仕，仕而不优则教学，实在是罪过的思想。我也亲自听人说过："有什么关系，谋不到好职业，去教教书总可以吧！"你想，他有没有学问不要说，但以此存心而从事教育，其后果不问可知矣。而且教育界的老师原来如此，又怎样能使人尊敬他为清高或高尚的职业呢？

　　此外，无论在大小学教师之中，有的教科学的，是几十年前陈年的知识，丝毫不图长进。有新书，有新知，便藏起来，不让学生们知道。有的教文法的，把图书馆里好的参考书借回家后，有去无回，束之高阁。上课堂，大骂天下人、天下事一番，错的都是别人，不是自己，自我标榜学贯中西，才无今古，余子碌碌，都是浑蛋，可惜你们与人们不懂而已。骂完了，已经去了三分之一的上课时间，然后查问一番，略讲一节，训诫几句，使学生们为了学分而忍气吞声地鞠躬如也，敢怒而不敢言。

　　比较好一点的，写黑板，宣读一下自己的著作，上课、下课，如此而已。也许是时代的病态，形成了人们多多少少都有些肝火太旺，或者是心理变态。但是以此而言教育，那就要值得我们好好反省深思！如果骂人的教育需要开课，这倒是很好的榜样。否则，夫子的"温、良、恭、俭、让"以及"望之俨然，即之也温"的教育态度，必须努力去学习做到才好。

非常抱歉，我讲这番话的动机，绝对不存有任何其他意见。只是蒿目时艰，为了国家民族培养后一代青年着想，所以偶尔发出伤时的感慨。希望大家能够真诚坦率地在"孔圣"面前由衷地忏悔改进。禅学里有一句话说："要说话亦错，不说话亦错。"现在想来，这也算是我的口过。知我罪我，那就无法计及了。

（选自《新旧教育的变与惑》）

第三章

好教育要有好方法

做人好，做事对，才是学问

子曰：学而时习之，不亦说乎？有朋自远方来，不亦乐乎？人不知而不愠，不亦君子乎？

——《论语·学而》

《论语·学而》包括了孔门当年教学的目的、态度、宗旨、方法，等等。过去我们把它圈开来，分作一条一条读，这是错误的。

这三句话连起来看，照字面讲，凡是中国人，无论老少，一定都知道。照古人的注解，学问是要大家随时练习的。"不亦说乎"的"说"就是"悦"，是很高兴的。假如这是很正确的注解，孔子因此便可以做圣人了，那我是不佩服的，连孔子庙我也不会去了。讲良心话，当年老师、家长逼我们读书时，那情形真是"学而时习之不亦'苦'乎"，孔子如果这样讲，我才佩服他是圣人，因为他太通达人情世故了。

至于"有朋自远方来，不亦乐乎"，过去的注解似通非通的，什么道理呢？从一般人到公务员，凡靠薪水吃饭的，是"富不过三天，穷不过一月"，遇上穷的那几天，朋友要来家里吃饭，当裤子都来不及，那是痛苦万分的事，所以是"有朋自远方来，不亦'惨'乎"，绝不是"不亦乐乎"。

第三句"人不知而不愠，不亦君子乎"，所谓"愠"，就文字解释，是放在心中的怨恨，没有发出来，在内心有烦厌、厌恶、讨厌、怨恨之感。那么，假如别人不了解我，而我却并不在心中怨恨，这样才算是君子，那我宁可不当君子。你对我不起，我不打你，不骗你，心里难过一下总可以吧！这也不可以，才是君子，实在是做不到。

这段话顺着注释来看，好像就是这样讲的。所以几百年甚至千多年以来，不但现在的年轻人对四书反感，过去的读书人也对四书反感。因为它变成了宗教的教条，硬性的法律，非遵守不可。事实上不是这么一回事，等到真正了解以后，就知道孔子真是圣人，一点也没错。

"学而时习之"的重点在时间的"时"，见习的"习"。首先要注意，什么叫作"学问"？普通一般的说法，"读书就是学问"，错了，学问在儒家思想上不是文学，不是知识渊博，哪怕不认识一个字，也可能有学问——做人好，做事对，绝对的好，绝对的对，这就是学问。这不是我个人别出心裁的解释，我们把整部《论语》研究完了，就知道孔子是讲究做人做事，如何完成做一个人。

那么学问从哪里来呢？从人生经验上来，从做人做事上去体会。这个修养不只是在书本上，随时随地的生活都是我们的书本，都是我们的教育。所以孔子说"观过而知仁"，我们看见人家犯了错误，自己便反省，不要犯这个错误。所以，他这个研究方法，随时随地要有思想，随时随地要见习，随时随地要有体验，随时随地要能反省，就是学问。一开始反省时也不容易，但慢慢有了进步，自有会心的兴趣，就会"不亦说乎"。我们平日也有这个经验，比如看到朋友做一件事，我们劝他："不可以做呀！老兄！一定出毛病。"他不听，你心里当然很难过，最后证明下来，果然你说得对，你固然替他惋惜，对于自己认识的道理，也会更进一层得到会心的微笑——悦，不是哈哈大笑，而是会心的微笑，有得于心。这就是学问的宗旨。

第二点接着下来，是说做学问的人要准备一件事，就我个人研究，有个体会——真正为学问而学问的人，"君子有所为，有所不为"，该做的就做，不该做的杀头也不干。所谓"仁之所至，义所当然"的事，牺牲自己也做，为世为人就做了，为别的不来。因此，为学问而学问，就准备着一生寂寞。我们看看孔子，他一生就是很寂寞的，现在到处给他吃冷猪头，当年连一个便当也吃不到，但是他没有积极去求富贵。

怎么知道这一套他不来呢？因为他明知当时有拿到权位的可能，乃至他的弟子们也要他去拿权位。因为那时候中国的人口只有几百万，而他已经有三千弟子，且都是各个国家的精英，那是一股不得了的力量。所以有些弟子，尤其是子路——这个军事学的专家，几乎就要举起膀子来："老师，我们干了！"多么神气，但是孔子不来。为什么呢？他看到，即使一个安定的社会，文化教育没有完成，也是不能解决其他问题的。基本上解决问题是要靠思想的纯正，亦即过去所谓之"德性"。因此他一生宁可穷苦，从事教育。所以，要不怕寂寞、不怕凄凉，有这个精神，这个态度，才可以谈做学问。

　　虽然做学问可能一辈子都没有人了解，但是孔子说，只要有学问，自然有知己，也就是"有朋自远方来，不亦乐乎？"一个人在为天下国家、千秋后代思想着眼的时候，也正是寂寞凄凉的时候，有一个知己来了，那是非常高兴的事。而这个"远"字，不一定是远方外国来的，说外国来几个人学中国文化，我们就乐了吗？那是为了外汇，多赚几个钱罢了。孔子不是这个意思，他这个"远"字是形容知己之难得。我们有句老话："人生得一知己，死而无憾。"任何一个人做了一辈子人，包括你的太太、儿女、父母在内，可不一定是你的知己，所以人能得一知己，可以死而无憾。一个人哪怕轰轰烈烈做一辈子，不见得能得一知己，完全了解你，尤其做学问的人更是如此，所以孔子第二句话才跟着说"有朋自远方来，不亦乐乎？"你不要怕没有人知道，慢慢就有人知道，这人在远方，这个远不一定是空间地区的远。孔子的学问，是五百年以后，到汉武帝的时候才兴起来，才大大地抬头。董仲舒弘扬孔学，司马迁撰《史记》，非常赞扬孔子，这个时间隔得有多远！这五百年来是非常寂寞的，这样我们就懂得"有朋自远方来，不亦乐乎"了。

第三句"人不知而不愠，不亦君子乎"，就是说做学问的人，即便一辈子没有人了解，也"不愠"。"怨天尤人"这四个字我们都知道，任何人碰到艰难困苦，遭遇了打击，就骂别人对不起自己，不帮自己的忙，或者如何如何，这是一般人的心理，严重的连对天都怨，而"愠"就包括了怨天尤人。

人能够真正做到为学问而学问，就不怨天、不尤人，反而问自己，为什么我站不起来？为什么我没有达到这个目的？是自己的学问、修养、做法种种的问题。自己痛切反省，内心里并不蕴藏怨天尤人的念头。拿现在的观念说，这种心理是绝对健康的心理，这样才是君子。君子才够得上做学问，够得上学习人生之道，这就是讲究人生哲学的开始。

再说，连贯这三句话的意义来说明读书做学问的修养，自始至终，无非要先能自得其乐，然后才能"后天下之乐而乐"，所以这三句话的重点在于中间一句的"不亦乐乎"。我们现在不妨引用明代陈眉公的话，作为参考："如何是独乐乐？曰：无事此静坐，一日是两日。如何是与人乐乐？曰：与君一席话，胜读十年书。如何是众乐乐？曰：此中空洞原无物，何止容卿数百人。"有此胸襟，有此气度，也自然可以做到"人不知而不愠"了。不然，知识愈多，地位愈高，既不能忘形得意，也不能忘形失意，那便成为"直到天门最高处，不能容物只容身"了。

（选自《论语别裁》）

先有求知欲和质疑心，才能激发智慧

子曰：不愤不启，不悱不发，举一隅不以三隅反，则不
复也。

——《论语·述而》

这是孔子教育方法的原则。所谓"愤"就是激愤。对
于不知道的事，非知道不可，也是激愤心理的一种。如有
一件事，对学生说，你不行，而他听了这句话，就非行不
可，这是刺激他，把他激愤起来。"启"就是发，在启发之
前，先使他发愤，再进一步启发。这种教育方式有一个很好
的例子。清代名将年羹尧是汉军镶黄旗子弟，幼时非常顽
劣，他父亲前后为他请了好几个老师，都被他打跑了，以
至没人敢去应聘教他。最后有一个隐士，有说是顾亭林的
兄弟——顾亭林虽然一生不做清朝的官，从事反清地下活
动，但为了同胞的福祉，还是叫别人出来做些事——自愿
任教。年羹尧的父亲说明自己儿子的顽劣,老先生说没关系,

唯一的条件是一个较大的花园，不要设门，而且围墙要加高，就这样开始教了。

年羹尧最初想将这位老师打跑，不料老先生武功很高，打又打他不着，却什么也不教他。到了晚上，老先生运用他高强的轻功，一跃出了围墙，在外逍遥半天，又飘然跳了回来，年羹尧对这位老师一点办法都没有。老先生有时候吹笛子，吹笛是可以养气的，年羹尧听了要求学吹，于是利用吹笛来使他养气，这才开始慢慢教他。后来老先生因为有私事，一定要离开，临走时说，很可惜，这孩子的气质还没有完全变过来。虽然如此，年羹尧已经够得上是文武双全，所以后来成了平藏名将。而他以后对自己孩子的老师非常尊敬，同时选择老师也很严格，有一副对联：不敬师尊，天诛地灭；误人子弟，男盗女娼。就是他写了贴在家里的。

这个故事可说明孔子教学的原则，必先刺激他的思想，使他发愤，非要有坚强的求知心，才能启发出他本有的智慧来。

第二就是引起他的怀疑。"悱"就是内心有怀疑、不同意。孔子所谓"当仁不让于师"，韩昌黎所谓"师不必贤于弟子"，老师不一定完全是对的，不是光靠服从接受便行，如果呆板地接受，学问会越来越差。多怀疑就自然会去研究，"发"就是研究。

所以在教育方面，一定要激发他愤、悱的求知欲。我们看儿童教育，有的孩子对什么事都不服气，而做家长的总希望孩子服气，尤其老一辈的人，往往把自己的经验看得非常重要，希望孩子接受。实际上要使孩子服气，接受上一代的经验，在教育方法上必先使他能愤、能悱才行。

再引一个不伦不类的故事来说明。清乾隆时代，有一位世代书香的大员，他有个儿子，文学很好，但不成器，行为不检点。有一年，大员给这孩子五百两银子上京考功名，结果他到了京里，把银子在妓院中花光了，被老鸨赶出来，剩下一身病，骨瘦如柴。回到家里，大员知道了，气得要把他打死，但一检阅行李，发现儿子写的两句诗，大员笑了，五百两银子值得，这个孩子在文学上很有心得。以文学的观点来看，这两句诗的确很好！原句是："近来一病轻如燕，扶上雕鞍马不知。"这是古人对文学的推崇。如果是现在，科学搞不好，光作两句诗，不把父母气死才怪。

我们举这个例子，也可说明"愤"与"悱"的一隅道理。

"举一隅不以三隅反，则不复也"是讲一个人的领悟力。一桌四角，讲了一角，其余三角都会了解，那么就可以"复也"，就是回来，回到哪里？回到思想智慧的本位，就是回到自己智慧的本有境界。有些人读书学习很用功，但是领悟力不够，充其量只能成一个书呆子。譬如拿研究历史来说，前代的事情和现在的事情原则差不多，道理是一样，只是时代不同，地区不同，现象两样而已。多读历史，能够举一反三，就可前知过去，后知未来。否则，白读死书，学识又有什么意义呢？

（选自《论语别裁》）

专注与持续是学习的关键

子曰：默而识之，学而不厌，诲人不倦，何有于我哉？

——《论语·述而》

这是孔子做学问的态度和教学的精神，说明他人生的志趣。

"默而识之"，学问要靠知识来的。"识"在古代文字中是与"誌、记、志"字通用。所以这句话是说做学问要宁静，不可心存外务，更不可力求表现，要默默然领会在心，这是最要紧的。

"学而不厌"，做学问的志趣永远不厌倦，这在文章上读起来很容易了解，乍看起来没什么了不起，但深深体会一下，孔子的学问就在这里。虽然非常平凡，但要知道，世界上最伟大的就是平凡，能安于平凡是很难的，这也是"人不知而不愠"的引申。以自己的经验来证明，假如发狠学一样东西，肯下功夫去学习，最多努力一段时期，就不能继续不倦地去搞了。所以一生能够学而不厌，不是件简单的事。像写毛笔字、打太极拳，开始很有兴趣，再继续下去，到快有进步的时候，对自己的毛笔字，越看越讨厌，简直不想看；打拳也打得自己不想打了，认为学不好。这正是一个关键，是个进步的开始，可是大多数都在这种情况下厌倦地放弃了。因此，就觉得孔子这句话，的确了不起。

另一点便是"诲人不倦"的教学态度，也是看起来容易做起来难。孟子说"得天下英才而教育之，一乐也"，但是如果"得天下笨才而教育之，一苦也"！教育的事有时真使人厌倦不堪。尤其是现在青年的教育，从小底子打得太差，几乎必须重新打基础。所以一个真正的教育家，必须有宗教家的精神，爱人爱世，需要有舍身饲虎、入海救人的牺牲精神，又像是亲自施用换心术，硬要把自己的东西，装到他的脑子里去的这种心情。但有许多学者有了学问，却当成千古不传之秘，不肯教给别人。

这三句话，表面上看是很容易的，做起来就非常难。后世为人师表者，可以将这几句话做成格言，在碰到厌倦的时候，提起孔子这几句话，脸红一下，马上改正过来。

孔子在这三句话之后便说："何有于我哉？"翻成白话便是，我没有什么学问，只不过到处留意，默默地学习，把它强记下来，求学问不厌倦，教人也不厌倦，但是除了这三点以外，我什么都不懂，什么都没有。就是这个意思。可是这三点都是真学问，我们大家都很难做到。

（选自《论语别裁》）

真正的学问是无知

子曰：吾有知乎哉？无知也。有鄙夫问于我，空空如也，我叩其两端而竭焉。

——《论语·子罕》

这是孔子的真正修养。他说，你们以为我真正有学问吗？我老实告诉你们，我一点学问都没有，我什么都不懂。有不曾受教育的人来问我，我实在没有东西，就他的程度所问的，我便就我所知的答复。如果他本身很鄙俗，来问我一个问题，我的确答不出。那我怎么办？因为没有主观，没有成见，就"叩其两端而竭焉"，反问他提出问题的动机，就他相对思想观念的正反两面研究透了，给他一个结论。所以我没什么学问，不是我给他答复，是他自己的意见提出来问我时，我替他整理做个结论而已。

教育本来就是这样，真正的学问修养也是这样。知识最高处就是"无知"，就是始终宁静，没有主观，先没有一个东西存在，这是最高的学问境界。不但孔子如此，世界上很多大宗教家、教主、哲学家，都是如此。希腊第一位哲学家——西方文化中的孔子——苏格拉底，也和孔子一样，出身贫苦，什么都懂，行为做人也很相似于孔子，他说："你们把我看成有学问，真笑话！我什么都不懂。"这是真话。

释迦牟尼也讲过这样的话。他十九岁放弃了王位而出家修道，到了三十二岁开始传教，八十一岁才死。四十九年之间，他最后自己的结论说："我这四十五年中，没有讲过一个字，没有说过一句话。"真理是言语文字表达不出来的。

我们可以退一步说，孔子所讲的"无知"，是俗语说的"半罐水响叮当，满罐水不响"。学问充实了以后，自己硬是觉得不懂，真的自己感觉到没有东西嘛！空空洞洞的没有什么，这是有学问的真正境界。如果有个人表现出自己很有学问，不必考虑，这一定是"半罐水"。

从学武的人就很容易看到，那些没练到家的人，就喜欢比画，他是筋骨发胀，并不是故意的。而练到了家的人，站在那里好像风都会把他吹倒，打他两个耳光，他会躲开，绝不动手。学问也是一样，一个人显得满腹经纶的样子，就是"有限公司"了。所以孔子这一点，就是学问修养成就的真正境界。

（选自《论语别裁》）

道理都懂，怎么做到才是关键

子曰：知之者不如好之者，好之者不如乐之者。

——《论语·雍也》

世界上谁不想做好人做好事？都想做。有很多人知道应该怎么做，道理都懂，可是做起来就不是那么回事了。我也曾经提到，许多人"看得破、忍不过"。比如，"算了吧！生活简单一点吧！"这是看破了，但到时候却忍不过。看到不义之财，第一个念头是不要；多看一眼，眼睛就亮了；再看一眼，眼睛就发红了。还有"想得到，做不来"。有许多事我们都想得到，但就是硬做不来。也就是说，学问、道理虽然懂得，身体力行时却做不到。所以，知之者不如好之者。做学问必须养成习惯，一日不可无它。

《论语》第一篇《学而》中说："学而时习之，不亦说乎？"那个"习"字就是要"好之"。"好之者不如乐之者"，爱好它，喜欢虽然喜欢，并不认为是生活中的一件乐趣。以现在最流行的太极拳来说，绝没有打麻将那么受人欢迎。因为打麻将是一乐事也，坐在那里快乐得很，而打太极拳，知道对身体有益，是知之者，天天打，是好之者，可是摸两下，觉得今天好累，明天再打，那就还不是乐之者。

欲期学问的成就，进入"乐之"的境界，太不简单了。我们对于子女的教育，就要注意这一点，看他乐于哪一面，就在哪方面培养他。就算爱打麻将，也可以培养他，当然不是培养他去打麻将，而是将他打麻将的心理转移到近似的正途发展。这才是师道的原则，不但对人如此，自己修养学问也要如此，但是孔子又说了一句话：

子曰：中人以上，可以语上也。中人以下，不可以语上也。
——《论语·雍也》

这是说人的智慧不能平齐，姑且把它分作上、中、下三等的差别。中人以上的资质，可以告诉他高深的理论；至于中人以下的资质，在教育方面，对他们就不要做过高的要求，千万不要"儿女都是自己的好"。教育后代，只是希望他很努力，很平安地活下去，在社会上做一个好分子，这是最基本的要点，并不希望他有特殊的地方。但中人以下的人，他们的成就，又不一定永远在中人以下，只要他努力，最后的成就，和中人以上的会是一样的。这在历史上可以举很多的事例来说明的。凡当过老师的，做过领导人的，都能体会孔子这一段话是绝对正确的。

（选自《论语别裁》）

越是受压制，孩子的反抗心越大

夫子循循然善诱人。

——《论语·子罕》

这是孔子教育人的态度。"循"是跟着走。不但是教育如此，做人处世也是如此。讲理论容易，做起来很难。在学校里教学生，就常会感到非常讨厌，有时候心里会想："你还没有懂？！真蠢！"我们有了这个心理，马上感觉自己到底不是孔子，孔子对学生不会发这种脾气。

教育是诱导的，东方和西方都是一样。什么是诱导？这是好听的名词，说穿了只是"骗人"而已，善意的"骗"。好像小孩子玩火柴，这是多危险的事，你如说不准玩，他非玩不可，就要赶快拿另外一件玩具骗他，要诱导他，使他觉得别的玩具更好玩，把火柴丢了，来拿其他的玩具。这就是"循循善诱"，就是这样"骗"人。

教育如此，推而广之，诸位出去做领导，从事政治，都要做到这点。"循循然"就是循他的意志，循他的个性，循他的道理，绕一个圈子，还是把他带上正路。人性就必须这样处理。所以从孔门思想推演，到了孟子，讲到人性，就主张堵不得的。你说："不可以！不行！"他就非做不可，尤其是对一个小孩，他非反抗不可，至少在心理上反抗。表面上你是父母、是老师，听你的，但心里非常反感。从心理学来看，就只这一点反感，慢慢积累起来，到最后他对一切事物都有了反抗性的习惯。越是受压制的孩子反抗越大，所以要想办法循循善诱。

当然有时候有例外，像军人带兵，老实说没有那么多理由，命令就是命令，教你如何就如何，因为战场上必须这样，也就是孔子说的"民可使由之，不可使知之"。所以循循善诱是一个原则，方法怎样运用，则和用兵一样，运用之妙，存乎一心。孔子的教育是依受教者的思想、品格而施教，不勉强人，不压制人，不挡住人，把门打开给他看，诱导他进去。但用什么诱导他呢？用什么"骗"他呢？

博我以文，约我以礼。

——《论语·子罕》

所谓人文的学问，就是这两句话。什么是"博我以文"？就是知识要渊博。我时常感觉到，现在的教育，从"五四"

运动白话文流行以后，有一大功劳，知识普及了，现在青年知识渊博了。尤其传播事业发达，每个家庭有电视，社会上有电影、报纸、刊物、广播，各种传播知识的工具，以至于现在十几岁的青年，对于知识，比我们当年二三十岁时还知道得更多。当年我们书是读得多，对于普通知识还是傻傻的，乡下出来，看到飞机、轮船，还叫"飞轮机""火轮船"，现在七八岁的孩子都知道太空了。

可是知识越渊博，学问越没有了，缺乏了"约我以礼"的涵养。我们要了解，"博我以文"的"文"并不限于文字，而包括了一切知识。知识越渊博的人，思想越没有中心。所以中国政治，在过去领导上有一个秘密。当然，这在历史上不会写出来，任何一个皇帝成功了，都不会传给徒弟。这秘密是什么呢？他尽管采用知识多的人，渊博的人，而真守成的干部是找老实而学识不多的人，他稳得住。

知识越渊博的人越靠不住，因为他没有中心思想。对于这种人，给予的官位、头衔非常大，而真正行政的权力并不交给他。知识多了的人，好的可以说成坏的，坏的可以说成好的。像现在的人好讲逻辑，把西方的一种思想方法也当哲学来讲。

例如，说到法理学，如果我们抓到小偷，送官署是对的。但是打了他一下，他可以要求验伤，告你伤害。他说他做小偷是犯了法，但你打他是侵犯人权，至少在判决确定前，他还只是一名嫌疑犯，你打他，侵犯了人权，人权第一，你犯了伤害罪。讲法律逻辑，这是对的。但从另一面讲，善就是善，恶就是恶，坏人就该打，可以不跟他讲这一套。

我们现在讲人权，而有些人却把人权、自由、平等当成了他的武器，这就是死守逻辑的坏处，也就是说仅仅是"博我以文"的流弊。以这句"约我以礼"来救这个流弊就对了，知识要渊博，思想要有原则，走一个专精的道路，做人处世要保持文化思想的中心精神。这是颜回说到孔子教育他的方法，也可以说是他的心得。

第三点他说自己受孔子教育，大有"欲罢不能"之感，他说有时候自己想想算了，不再研究了，可是却像谈恋爱一样，藕断丝连，总摆不下来。"既竭吾才，如有所立卓尔。"颜回说他自己尽所有的才能、力量跟孔子学，感觉到很不错、很成功，好像自己建立了一个东西，觉得"卓尔"，站起来了，可以不靠孔子，不依赖老师了。结果冷静下来一反省，还是不行。

"虽欲从之，末由也已。"虽然跟着他的道路走，跟着他的精神那么做，但茫无头绪，不晓得怎么走，简直一点苗头都找不到。颜回口中的孔子就是这样一个人，崇高、伟大、平实而摸不透。

（选自《论语别裁》）

明白了道理，要不要马上去做？

子路问：闻斯行诸？子曰：有父兄在，如之何其闻斯行之！冉有问：闻斯行诸？子曰：闻斯行之！公西华曰：由也问闻斯行诸？子曰：有父兄在。求也问闻斯行诸？子曰：闻斯行之。赤也惑，敢问。子曰：求也退，故进之。由也兼人，故退之。

——《论语·先进》

子路问，听懂了一个道理，马上就去做吗？就言行合一去实践吗？孔子说，你还有父母兄长在，责任未了，处理要谨慎小心，怎么可以听了就去做呢？另外一个同学冉有也向孔子问同样的问题：听了老师你讲的这些道理，我要立刻去实行吗？孔子说，当然！你听了就要做到，就要实践。

他答复这两个学生的话，完全不同。

公西华觉得奇怪，跑来问孔子。"敢问"就是鼓起勇气，要请你原谅一下，告诉我同一个问题为什么做两种答复？孔子说，冉有的个性，什么事都会退缩，不敢急进，所以我告诉他，懂了学问就要去实践力行；子路则不同，他的精力气魄超过了一般人，太勇猛，太前进，所以把他拉后一点，谦退一点。

我们在教育界久了，有时看到太用功的学生，也是劝他多休息、去玩玩，太懒的就劝他长进一些、多用功一点，这大家都做得到，何必孔子？但这只是文章的表面，进一步就看到孔子对学生的培养。

首先，我们知道子路是战死的，非常勇敢，最后是成仁的烈士。孔子早已看出他是成仁的料子，所以说"由也不得其死然"，这不是骂他，而是感叹。如果当时孔子稍稍鼓励他一下，可能早就成了烈士，不会等到后来卫国变乱才成仁。所以孔子在这里警告他，你的父兄家人一大堆，要先对个人责任有所交代，然后才可以为理想奋斗。如此，以中和子路过分的侠情豪气。而冉有则是安于现状，不大激进的人，所以孔子不大愿意他出来做事。结果他在鲁国季家，竟然弄起权来了，那么孔子就鼓励他，跳出现实的圈子，要有独立不拔的精神。

（选自《论语别裁》）

读书是为了谁

子曰：古之学者为己，今之学者为人。

——《论语·宪问》

怎样为己？怎样为人？一般说为己就是自私；为人就是为大家，也可强调说是为公。古人为自己研究学问，现在人为别人研究学问。这个问题就来了，从文字表面上看，可以说后世的人求学问，好像比古人更好，因为是不为自己而为人家，这是一种观点。

这一观点可以成立，但是有一个事实，我们中国人过去读书，的确有大部分人还保持了传统的作风。这一传统的作风，类似于现代大学中最新的教育，或者西方最新的小学教育，所谓注重性向教育，就是依照个性的趋向，就个人所爱好的，加以培养教育，不必勉强。一个喜欢工程的人，硬要他去学文学，是做不到的。有许多孩子自小喜欢玩破表、拆玩具，做父母的一定责罚他不该破坏东西。在教育家的眼光中，这孩子是有机械的天才，应该在这方面培养他。

中国人过去读书，老实说不为别人求学问。而现在一般人求学问，的确是为别人求学问。一个普遍现象，大专学生为了社会读书，如果考不取，做父母的都好像失面子，对朋友也无法交代。读书往往为了父母的面子、社会的压力，不是为自己。目前在大学里，有些重要的科系，男生人数还不到三分之一，几乎满堂都是女生。譬如哲学系的课，学生有七八十人，他们真的喜欢哲学吗？天知道！连什么叫哲学都不懂，为什么考到这一系？将来毕业了出去教书都没人要。社会上听到哲学系，认为不是算命看相的就是神经。可是为了什么？凭良心说，只是为了文凭。有的女孩子，学了哲学干什么？当然也可以成哲学家，不过没有家庭的好日子过，既不能做贤妻，又不能为良母，那就惨了。

可是现在的教育，任何一系，都少有为自己的意志而研究的。曾经有一个学生告诉我，当年他在大二读书的时候，有一天真被父母逼得气了，就对父母说："你们再这样逼我，我不替你们读书了！"他说那时候心里真觉得自己努力读书是为了父母在朋友面前显示荣耀的，在自己则并无兴趣。那么今天的人，从文字表面上看，"今之学者为人"，为别人读书，至少是为社会读书。社会上需要，自己觉得前途有此必要而已。说是自己对于某一项学问真是有了兴趣，想深入研究追求，在今日的社会中，这种人不太多。

照目前的状况，如果缺乏远见，我敢说，二三十年后，我们国家民族，会感觉到问题非常严重。因为文化思想越来越没人理会，越来越低落。大家只顾到现实，对后一代的教育，只希望他们将来在社会有前途，能赚更多的钱，都向商业、工程、医药这个方向去挤。如物理、化学等理论科学都走下坡了，学数学的人已经惨得很。在美国，数学博士找不到饭吃，只好到酒馆里去当酒保，替人调酒，还可赚美金七八百元一个月。

放大点说，这不仅是中国的问题，全世界文化都如此没落。二三十年后，文化衰落下去，那时就感到问题严重。青年朋友还来得及，努力一下，一二十年的工夫用下去，到你们白发苍苍的时候，再出来振兴中国文化，绝对可以赶上时髦。

从过去的历史经验来看，时代到了没落的时候，人类文明碰壁了，就要走回头路。所以今日讲承先启后，的确需要准备。可是全世界的文化，目前还没办法回头，叫不醒，打不醒的，非要等到人类吃了大亏才行。没有人文思想，人类成了机械，将来会痛苦的。所以这两句话，也可解释为：以前的人读书是为了自私，现在的人读书是为公，不过这种解释是错误的。

再另外一个观点，宋代大儒张载（横渠先生）说的"为天地立心，为生民立命，为往圣继绝学，为万世开太平"，这四句名言已成为宋代以后中国知识分子共同的目标，学者为这目的而学，应该如此。今天我们要谈中国文化的中心思想，可以拿他这四句话为主。我们如果以这四句话来研究，学者又应该是为人；不只为自己求学，同时也为人求学。这个"人"扩而充之，为国家、为社会、为整个人类文化。

（选自《论语别裁》）

天赋、志向不同，学习方法就不同

孔子曰：生而知之者，上也。学而知之者，次也。困而
学之，又其次也。困而不学，民斯为下矣！

——《论语·宪问》

这是教育与天才的关系。孔子说，有些人生而知之，这
是天才，上等人。这一点在中外历史上的确可看到，大的军
事家并不一定懂兵法。宋代名将狄青作战是"暗合兵法"，
就是说他并不是习武出身，可是自然有军事天才。据我所知，
许多朋友军事学理讲得非常好，可是打起仗来，老是打败仗。
大的政治家也并不一定是政治系毕业的，人情世故通了，自
然对。所以，不管文学、艺术，任何一方面都有天才。孔子
也不是念哲学系或伦理系、教育系的，耶稣、老子都不曾读
什么系，他们的学问就是对的，千秋不易，是生而知之的天才。

其次是"学而知之"，学了才会。

再次，"困而学之"，要勉强，大家要有这个精神，自己

勉强自己，规定自己努力。我个人的经验，也许是个人嗜好不同，隔几天不摸书本，就觉得不对头，好像几天不打牌手会发痒的人一样。但这是"困而学之"，自己规定了自己非读书不可，看小说都是好的。

另有一般人，勉强定个范围，让他去学，他还不肯去学，这种人就免谈为学了。

孔子曰：君子有九思：视思明、听思聪、色思温、貌思恭、言思忠、事思敬、疑思问、忿思难、见得思义。

——《论语·季氏》

在我们的生活思想上，以伦理道德为做人做事的标准，孔子说有九个重点。这一节如在文字表面上来解释，就不必再讲了，如"视思明"，当然看东西要看得清楚，但这并不是指两个眼睛去看东西，现在眼睛看不清楚也没有关系，街上眼镜店多得很。这是抽象的，讲精神上对任何事的观察，要特别注意看得清楚。同样，听了别人的话以后，也要加以考虑，所以谣言止于智者。我经验中常遇到赵甲来说钱乙，钱乙来说孙丙，我也常常告诉他们，这些话不必相信，只是谣言，听来的话要用智慧去判断。

脸色态度要温和，不可摆出神气的样子。对人的态度，处处要恭敬，恭敬并不是刻板，而是出于至诚的心情。讲话言而有信。对事情负责任。有怀疑就要研究，找寻正确的答案。

"忿思难"的"忿"，照文字上讲是忿怒，实际是情绪上的冲动，就是对一件事，在情绪上冲动要去做时，先考虑考虑，每件事都有它难的一面，不要一鼓作气就去做了。

最重要的是"见得思义"，凡是种种利益，在可以拿到手的时候，就应该考虑是否合理，应不应该拿。

孔子曰：见善如不及，见不善如探汤，吾见其人矣，吾闻其语矣。隐居以求其志，行义以达其道，吾闻其语矣，未见其人也。

——《论语·季氏》

上面讲了人生的大原则，这里孔子提供自己的经验，他说有些人见善如不及，看到别人好的地方，自己赶紧想学习，怕来不及去学；见不善如探汤，看到坏的事情，就像手伸到滚开的水里一样，马上缩手，绝对不做坏事。孔子说，像这样专门走好的路子，坏的路子碰都不碰的人，我还看过，也听到过他这样的言论。

第二点，他说有些人隐居以求其志，一辈子不想出来，尤其古代以做官为发展志向唯一的道路，可是有些人一辈子不肯出来做官，自己保有自由意志，做自己的学问，管自己的人生，不想出名，也不想做官，做事则处处要求合宜、合情、合理，走仁义路线。孔子说，这样的言论我听得多了，可是没有看到真做到的人，所以绝对不要功名富贵，行义以达其道的，在理论上讲起来容易，做起来非常难。

这里两条作为对比。上面是说专门做好事，坏事碰都不碰，这样的人蛮多；第二条的人难了，一辈子功名富贵不足以动心的，这在理论上讲容易，到功名富贵摆在面前时，而能够不要的，却很难很难！

（选自《论语别裁》）

没有缺点的人就没有个性

子曰：由也，女闻六言六蔽矣乎？对曰：未也。居！吾语女：好仁不好学，其蔽也愚。好知不好学，其蔽也荡。好信不好学，其蔽也贼。好直不好学，其蔽也绞。好勇不好学，其蔽也乱。好刚不好学，其蔽也狂。

——《论语·阳货》

这段话并不一定是子路问孔子以后，孔子马上告诉他的，而是平常便这样教育子路，编撰《论语》的人把这几段安排在一起，烘托出一个思想系统，使我们看得更清楚。

孔子问子路，有没有听过六句话，就是六个大原则，也同时有六个大毛病？子路说没有听见过。那么孔子很郑重地说，你坐好，我告诉你。

第一点，仁虽然好，好到成为一个滥好人，没有真正学问的涵养，是非善恶之间分不清，就变成一个大傻瓜。有许多人非常好，仁慈爱人，但儒家讲仁，佛家讲慈悲，盲目慈悲也不对，所谓"慈悲生祸害，方便出下流"。不能过分方便，对自己孩子们的教育乃至本身的修养也是如此。仁慈很重要，但是从人生经验中体会，有时出于仁慈的心理帮助一个人，结果反而害了他。这就是教育的道理，善良的人，好心仁慈的人，学问不够，才能不够，流弊就是愚蠢，加上愚而好自用便更坏了。所以，我们对自己的学问修养要注意，对朋友、部下都要观察清楚，有时候表面上看起来是对某人不仁慈，实际上是对这人有帮助。做人做事，越老越看越惧怕，究竟怎样做才好？有时自己都不知道。

第二点，有许多人知识渊博而不好学（学问并不是知识，而是做事做人的修养），它的流弊是荡。知识渊博后非常放荡任性，譬如说"名士风流大不拘"，就是荡。这种人容易看不起人，觉得自己样样比人能干，才能很高，没有真正的中心修养，对自己不够检束。

第三点，"好信不好学，其蔽也贼"的"信"到底指哪个"信"？假使指信用，对人言而有信，这还不好？贼是鬼头鬼脑，对人对事处处守信，怎么会鬼头鬼脑？其实，这里的"信"，至少在《论语》里有两层意义：自信和信人。过分自信，有时候就会喜欢去用手段，觉得自己有办法，结果害了自己，这就是"其蔽也贼"。

第四点，"绞"是像绳子绞起来一样，太紧了会绷断的。

一个人太直了，直到没有涵养，一点不能保留，就是不好学，没有修养，流弊就是要绷断，要偾事。脾气急躁的人会偾事，个性疏懒散漫的人会误事，严格说来，误事还比偾事好一点，偾事是一下子就把事弄砸了。所以个性直的人要反省，在另一面修养上下功夫。

第五点，脾气大，动辄打人，干了再说，杀了再说，这是好勇，没有真正修养，就容易出乱子。

第六点，直话直说、胸襟开阔的人，也可以叫作一根肠子。"刚"的人一动脸就红，刚正就不阿，就不转弯，绝不转变主见。这样的人若不好学，毛病就是狂妄自大，满不在乎。

这六点要特别注意，可以把原文写在本上或案头，随时反省。这六点也就是人的个性分类，这六种个性都不是坏事，但若没有真正内涵的修养就都会做出坏事。每个人的个性长处不同，或仁、或知、或信、或直、或勇、或刚，不管哪种个性，孔子告诉我们，主要是自己要有内涵，有真正的修养，学问的道理，最难的就是认识自己，然后征服自己，把自己变过来。

但要注意，并不是完全变过来，否则就没有个性，没有我了，每个人要有超然独立的我，每个人都有长处和短处，长处也是短处，短处也是长处，长短本是一个东西，用之不当就是短，用之中和就是长，这是要特别注意的。教导部下和子弟也是这样，性向一定要认清楚，一个天生内向的人，不能要求他做豪放的事；一个生性豪放的人，不能要求他规规矩矩坐办公室。要知道他的长处，还要告诉他，帮助他去发挥。孔子这段话，特别提出来告诉子路，实在对机而教。六言六蔽，相对地，则有十二种性向典型，其实我们每个人本身知、仁、勇、信、直、刚的因素都具备，不过还要从这些地方用心涵养，这就是学问之道。

（选自《论语别裁》）

好人格在生活中养成

子夏曰：大德不逾闲，小德出入可也。

——《论语·子张》

这两句话是子夏说的，平常很多人都误引述是孔子说的。"闲"就是范围，上古时没有房门，晚上睡觉，门用木架子挡着就是了。当年在大陆西南、西北地区就可看到，一些山洞门口用木架一挡就算了，并不怕小偷，只防牛羊跑出去，所以叫"闲"。子夏主张大德、大原则不要超出范围，不可以轻易变更，小的毛病大家都有，不要过分责备。人能做到这样也就很好。

子游曰：子夏之门人小子，当洒扫应对进退则可矣，抑末也；本之则无，如之何？子夏闻之曰：噫！言游过矣！君子之道，孰先传焉？孰后倦焉？譬诸草木，区以别矣！君子之道，焉可诬也？有始有卒者，其惟圣人乎！

——《论语·子张》

这里记载了子夏教学的事。孔子死后，子夏在河西讲学。他的同学子游说，子夏所教的这些年轻学生，"当洒扫应对进退则可矣"。这里"洒扫、应对、进退"六个字，包括了生活的教育、人格的教育，是中国文化三千年来一贯的传统。如果有外国人问起我们中国过去的教育宗旨是什么？我不是教育专家，专家说的理论是他们的，我讲句老实话，主要是先教人格的教育，也就是生活的教育。

过去孩子们进了学校，首先接受的教育就是"洒扫、应对、进退"这几件事。洒扫就是扫地，搞清洁卫生等，现在小学、中学都有，好像和古代教育一样，其实是两样。我们从西方文化学来的教育，制度变了，教务、训导、总务三个独立，等于政治上三权分立，三样都不联系，结果三样都失败。教务只教知识没教学问，训导是空的，总务呢？下意识就认为是搞钱的。可见我们整个教育制度没有检讨，因此学生对学校大体上都是坏印象。

这中间细枝末节的事还很多，譬如老师下命令搞清洁，就没有一个搞好清洁。我经常说搞总务之难，一个好的总务，是宰相的人才，汉代的萧何就是搞总务的。总务这门学问，在学校里有家政系，这个翻译得不好，实际上就是内务系，训练内务人才。任何一个机关团体，一上厕所就发现毛病，管总务的也不可能每天去看每一个抽水马桶，这就可见总务上管理之难。

至于洒扫方面，现在的青年连地都不会扫，虽然中小学要扫地，可是拿扫把挥舞，反把灰尘扬得满天飞，抹去桌上灰尘，转身反而抹到墙上，连洒扫都没学会，生活教育真不容易。

其次的"应对"更成问题。现在的学生几乎不会应对，如问他"贵姓？"他就答"我贵姓某"；问他"府上哪里"，他会说"我府上某地"。就是如此，应对的礼仪没有了，这是大问题。

最后"进退"更难了，一件东西该不该拿？一件事该不该做？是大学问，小时候就要开始教。如吩咐去向长辈拜年，到了亲友家，该站该坐？站在哪里？坐在哪里？进退之间，做人的道理，都要注意教育，现在这些都没有了。

古代的教育，就从洒扫、应对、进退这些地方开始。

中国的古礼，周公之礼，六岁读小学，就从这种生活规范学起；八到十岁认字；十八岁入大学，那是学大人。中国文化在小学这个阶段就是求做人的知识，先培养一个人，然后再讲高深的修养，才是大学之道，这是中国过去文化教育的路线。

现在这个时代真可怜，很差劲，"洒扫、应对、进退"通通没有了，非常严重，这不能全怪学校，几乎每个人都要怪自己，因为现在我们搞得不中不西，不今不古。如果完全西化还好，西方人还是蛮有礼貌的，尽管有的披头散发，像嬉痞一样，他对人还是有一套，很有礼貌。也许他只穿一双胶拖鞋来，但对美国人不必要求这些，因为他们很节省，以头发来说，美国孩子一年中难得有一次上理发馆，普通家庭妇女都是自己动手，节省得很。只有英国讲究衣饰派头，所以不要以为外国人平时穿着不好就没有文化，当他们参加社交宴会时就很讲究，人家有人家的一套礼貌，可怜的是我们这一代青年什么都没有，所以我们这一代必须特别为下一代着想。

子游批评子夏，说子夏办教育，教的学生"洒扫、应对、进退"这几件事勉强还可以，不过这是枝末的问题，他还没教人家根本。外形都教得很好，没有内容，怎么办？他这个话传到子夏耳里，子夏就说，我这个老同学的要求太苛刻了，太过分了。应该从哪里先开始？哪一样放在最后？乃至哪些应该放弃了？换句话说，办教育的人，造就后一代，要观机设教，没有固定什么叫先本后末的事。基本上就要完成一个人格，人在外形上做好，"洒扫、应对、进退"懂了以后，慢慢就会达到内心。譬如，种植草木，要有个区分，不能混合。同样，教育学生，对人才的资质要有自然分类。如果施教如下雨一样普遍浇下来，可是青菜所吸收的雨量和大树所吸收的雨量各不相同，这中间因受教者的本质不同必须有所区别的。不管如何，从事教育的人，固然希望后一代好，但基本的教育最要紧，虽然它是注重形态，可是形态也要教好，怎么可以随便说它没有用呢？至于再进一步，由生活教育一直到精神教育的最高处，不是我们做得到的，要圣人才可以教人马上悟到"道"的真谛。

（选自《论语别裁》）

真正的学以致用

子夏曰：仕而优则学，学而优则仕。

——《论语·子张》

这两句话是中国文化的中心思想之一。我们翻开历史来看，过去的人所谓"十年窗下无人问，一举成名天下知"，学问有成就，考取功名做了官，扬名天下。可是做了官以后，始终不离开读书，还在求学，每个人都有个书房，公余之暇，独居书房，不断进步，这是古人的可爱处。

学问高了，当然出来为天下人做事。然而到了现代几十年看来，只有"学而优则仕"，至于"仕而优则学"就少有了，而是"仕而优则牌"，闲来无事，大多数时间都在打牌。或者"仕而优则舞"，下班以后跳茶舞、喝咖啡，花样多了。这就说到社会上读书的风气的确是很重要。

其次，我有另一个很大的感慨，过去办教育的只是牺牲者，一辈子从事教育，的确是牺牲。很多人教出来的学生，地位很高了，回来看老师，还磕头跪拜，为什么如此？是老师对教育的负责，学生终生感谢。现在不然了，学而优则商，读完了书去做生意，生意做垮了就"商而不优则仕"，搞一个公务员当当，公务员再搞不好，"仕而不优则学"，转过来教书去！这怎么得了？时代的趋势变成这样，我们对于子夏这两句话，应该深切地反省深思，今天的社会，所谓中国文化、中国教育，到了这种情形，应该怎么办？

我们从文化资产中，看到历代名臣的著作太多了。至于名家也不一定是地位高、官做得大。如清代的郑板桥、袁枚这几个名家，官位只不过是县长，而且他们也不想做大官，年纪轻轻就辞职了，回家之后以名士身份从事著作，所产生的影响非常大。而我们现在，好像已经没有这个精神。现在天天在讲中国文化，而中国文化人/知识分子读书的精神可变了。最近以来，有许多年轻的同学，讨论到著作的问题，我告诉他们，现在的教育，由小学一直到大学，这十几年读书，所浪费的精神的确不少，都在应付考试。孩子们真可怜，而用脑力记下来的东西，考试以后，连影子都没有了，这些学问到底有没有用，将来至少在文化教育史上，是一个大问题。

现在我们也许感觉不到，但历史是一个天平，将来是要算总账的。现在的年轻学生，把脑力用在不必要的记忆上，但到大学以后，开始想真正读书的时候，已经缺乏精力，而且心静不下来，没有读书的习惯。当年我们读书的时候，是尽量地吸收，装进来，当然也启发了思想，但没有像为了考试那样，去担心应付这些记忆，而读得非常轻松，到二三十岁的时候，对于以前读进来的书，通通发挥出来了。尤其碰到做人处世的时候，把原来所吸收的东西，尽量发挥出来，可真的很有用。

现在的年轻朋友，可以说没有真正读过一本书，而近年来，小学孩子所具有的知识，比二十年前的孩子又多了许多，但真教他对学问修养下一个决心，他就做不到了。所以我们可以预言，将来我们国家民族对这个问题，会深深感觉到害多利少，会很痛苦。这是由"仕而优则学，学而优则仕"两句话联想到的。

再说"仕而优则学，学而优则仕"。古人不但是读书，而且把工作经验和学问融化在一起，所以写真有价值的著作，准备流传。我们看古人有价值的著作，如讲中国政治哲学，绝对离不开《管子》。但是《管子》这本书，就不是像现在我们这样，为了拿一个学位或是为了出名而随便乱写的，而是从他一生的经验，乃至"一匡天下，九合诸侯"的成就总结而来。以管仲一生的事功，也只写了《管子》这一本书。不过后人再研究这本书，认为真正是他写的，不过十分之三四，有十分之六七是别人加进去的，或是后人假托他，或是他当时的智囊人物增进去的。但不管如何，这本书对中国的政治思想、文化思想是非常重要的，可以说比孔子的思想还早。他这样以一生的经验，只写下了一本书，可见古人著作慎重得不得了。

这也就说明了"仕而优则学"，一方面工作服务求经验，另一方面不断求学，以渊博的学识开拓心胸，再配合自己为人处世的实验，而产生学问，这是中国文化讲学以致用的精神。但是现在和学人文学科的学生们谈谈，真觉得悲哀，连自己中国的历史都没有读好，只学了研究历史的方法，而中国古人读历史不是走这个路子，读懂了以后，自然知道方法。现在更可悲哀的，有中国学生去美国研究中国学问，如中国史、中国文学等，或是只研究一节中国断代史的某一点，就拿到了学位，想想看这该多可怜！这个样子读历史，学位是有了，而对于历史与人生的配合则不晓得。这也是我们要注意的，将来对后代的教育，对自己工作与处世的方面，也许会有新的认识。所以"仕而优则学，学而优则仕"这句话，我们今天读来，是有无限的感慨。

（选自《论语别裁》）

第四章

君子：人格教育的目标

什么样的人才算君子

子曰：君子不器。

——《论语·为政》

这句话如照字面翻成白话就很好笑了：孔子说，君子不是东西。我常说中国人实在了不起，各个懂得哲学，尤其骂人的时候。譬如说，"你是什么东西？"拿哲学来讲，我真不知道我是什么东西，人的生命究竟怎么回事，还搞不清楚嘛！

什么是"不器"呢？孔子的本意是说，为政之人不要成为某种专才或专家，而要成为真正的通才，古今中外无所不通。一个大政治家好像一个好演员，演什么角色就是什么角色，干哪一行就是哪一行。

那什么是君子呢？

子贡问君子，子曰：先行其言，而后从之。

——《论语·为政》

孔子说，把实际行动摆在言论前面，不要光吹牛而不做。你先做，用不着说，做完了大家都会跟从你，顺从你。古今中外，人类的心理都一样，多半爱吹牛，很少见诸事实，理想非常高，要在行动上做出来就很难。

接着，对于君子的含义又有一说：

子曰：君子周而不比，小人比而不周。

——《论语·为政》

周是包罗万象，一个圆满的圆圈。一个君子，做人处世，对每个人都要一样。篆文的"比"字是这样写的：，两个人同向一个方向；而"北"字是这样：，就是相背，各走极端。所以比就是要别人完全跟自己一样，那就容易流于偏私。因此君子周而不比，小人却比而不周，只跟自己要好的人做朋友，什么事都以"我"为中心和标准。你拿张三跟自己比较，合适一点，就对他好；不大同意李四，就对他不好，这就是比。一个君子，爱人不能分彼此。要爱好人，更要爱不好的人，因为他不好，所以必须爱他，使他更好。

讲到这里，君子的道理还没有讲完。

子曰：学而不思则罔，思而不学则殆。

——《论语·为政》

中国历史上对人才有三个基本原则，便是才、德、学。有些人的品德是天生的——品德往往大半出于天性——但没有才能。有品德的人可以守成，到大后方坐镇，好得很；教他设法打开一个局面，冲出去，那办不到，他只有守成之才，没有开创之才，守成之才偏重品德。

才、德两个字很难兼全，但有一个东西可以补救，那就是学，用学问来培养缺的一面。讲到学问，就需两件事，一是要学，一是要问。多向人家请教学习，接受前人的经验，加以自己从经验中得来的，便是学问。但"学而不思则罔"，有些人有学问，可没有智慧的思想，那么就是迂阔疏远，不切实际，没有用处。如此可以做学者，像我们一样，教教书，吹吹牛，不但学术界如此，别的圈子也是一样，有学识但没有真思想，这就是不切实际的"罔"。

相反，有些人"思而不学则殆"。他们有思想，有天才，但没有经过学问的踏实锻炼，那也非常危险。许多人往往倚仗天才而胡作非为，误以为那便是创作，结果自害害人。尤其目前的中国青年，身受古今中外思潮的交流撞击，思想上彷徨矛盾，情绪上郁闷烦躁，充分显示出时代性的紊乱和不安，形成了病态心理。而代表上一代的老辈子人物，悲叹穷庐，伤感世风日下，人心不古，大有日暮途穷、不可一日的忧虑。其实童稚无知，怀着一颗赤子之心来到人间，宛如一张白纸，染之朱则赤，染之墨则黑，结果因为父母的主观观念，望子成龙，望女成凤，涂涂抹抹，使他们成了五光十色，烂污一片，不是把他们逼成了书呆子，就是把他们逼成太保，还不是真的太保。我经常说，真太保是创造历史的人才。所以老一辈人的思想，无论是做父母的，当教师的或者当领导人的，都应该先要有一番自我教育才行。尤其是搞教育、领导文化思想的，更不能不清楚这个问题。

教育青少年，首先要注意他们的幻想，因为幻想就是学问的基础。据我的研究，无论古今中外，每个人学问事业的基础，都建立在少年时的这一段，从少年的个性就可以看到中年老年的成果。一个人的一生，也只是把少年时期的理想加上学问的培养而已，中年的事业就是少年理想的发挥，晚年就回忆自己中少年那一段的成果。

所以我说，历史文化，无论中外，永远年轻，永远只有三十岁，没有五千年，为什么呢？人的聪明智慧都在四十岁以前发挥，就是从科学方面也可以看到，四十岁以后，就难得有新的发明，每个人的成就都在十几岁到二三十岁这个阶段，人类在这一段时间的成果，累积起来，就变成文化历史。

人类的脑子长到完全成熟的时候，正在五六十岁，可是他大半像苹果一样，就此落地了。

所以，人类智慧永远在这三四十岁的阶段做接力赛，永远以二三十年的经验接下去，结果上下五千年历史，只有二三十年的经验而已。所以人类基本问题没有解决。先有鸡还是先有蛋？宇宙从哪里来的？人生究竟如何？还是没有绝对的答案。因此，有了思想，还要力学。上面所说，有了学问而没有思想则"罔"，没有用处；相反地，有了思想就要学问来培养，如青少年们，天才奔放，但不力学，就像美国有些青少年一样，由吸毒而裸奔，以后还不知道玩出什么花样。所以思想没有学问去培养则"殆"，危险。

　　子曰：君子道者三，我无能焉：仁者不忧，知者不惑，勇者不惧。子贡曰：夫子自道也！

——《论语·宪问》

这等于一个小结论。孔子感叹说，学问修养合于君子的标准，有三个必要条件。孔子很谦虚地说，这三件我一件都没有做到。

第一是"仁者不忧"。有仁德的人没有忧烦，只有快乐。大而言之，国家天下事都做到无忧，都有办法解决，纵然没有办法解决，也能坦然处之。个人的事更多了，人生都在忧患中，仁者的修养可以超越物质环境的拘绊，而达于乐天知命的不忧境界。

第二是"知者不惑"。真正有高度智慧，没有什么难题不得开解，没有迷惑怀疑之处，上至宇宙问题，下至个人问题，都了然于心。像我们没有真的智慧，明天的事，今天绝不知道。乃至此刻的事，也常自作聪明，自以为是。

第三是"勇者不惧"。只要公义之所在，心胸昭然坦荡，人生没有什么恐惧。

孔子在这里说的词句，字里行间，写出他的谦虚，表示自己的学问修养，没有做到君子的境界。可是子贡对同学们说，不要弄错了，这三点老师都做到了，我们要这样学习才对，他只是自我谦虚，不肯自我标榜而已。

那么，一个人懂得了君子的道理，又该如何处世呢？孔子举了子产的例子来说明。子产生在春秋时代，比孔子稍稍早一点，是郑国的名相，有了不起的贡献。

子谓子产，有君子之道四焉：其行己也恭，其事上也敬，其养民也惠，其使民也义。

——《论语·公冶长》

孔子非常佩服子产，说他特别有四点君子之道，不是普通的常情、德业、修养等可比。

第一点，"其行己也恭"。子产管理自己非常恭谨，不马虎。一个人对自己最易放松，往往认为错处总是他人的，很少反省自己的错失，子产做得到"行己也恭"，实在难得。

第二点，"其事上也敬"。子产做首相，对主上非常恭敬。恭是内心的肃诚，敬是对人对事态度上的严谨。换言之，接受主上命令时，不只是服从，有好的意见要提出力争；执行命令要尽心，不只是敷衍了事；最怕的是既不能令，又不受命，你要他提意见办法，他表示没有异议，你叫他执行，他又呆在那里。

第三点，"其养民也惠"。他能促使经济繁荣，百姓能得其所养，安定生活，对社会有贡献，有恩惠给人民，因此老百姓感恩于他，他有命令下达时，各个服从。

第四点，"其使民也义"。同时他又非常合理、合时、合法，人家乐意听他用，这的确是大政治家风范。

郑国有子产才能兴，因为他有四点君子之道。如果我们拿这四点来做人处世，也就成功了一半。

（选自《论语别裁》）

君子不是书呆子，要才学识三者兼备

子曰：君子无所争，必也射乎。揖让而升，下而饮，其争也君子。

——《论语·八佾》

中国文化的君子是与小人对立的，等于是个符号。怎么叫君子，怎么叫小人，其实很难下定义，就如同好人坏人难以定义一样，尤其站在哲学观点来看，更是如此。可是在社会、政治的立场，不能以哲学观点来讨论，好与坏是对事功而言。孔子这里所讲的君子，是站在哲学立场讲的，是一个抽象的代名词。

君子无所争，不但与人无争，与事也无争，一切讲礼让而得。无所争就是窝囊吗？不是的，孔子以当时射箭比赛的情形，说明君子立身处世的风度。射是六艺之一，代表军事训练。当射箭比赛开始的时候，对立行礼，表示对不起——礼让。比赛结束，不论输赢，彼此对饮一杯酒，赢了的人说

"承让"，输了的人说"领教"，都有礼貌，即使在争，始终保持人文的礼貌。人之所以不同于其他动物，就是这一点文化精神。

其实人类有什么了不起？其所以为人，因为有思想，加上文化精神。孔子讲这一件小事，也就是说，不论与人与事，我们都应该争，但要争得合理，始终保持君子风度。以现代而言，类似于希腊所谓的民主思想。中国人过去也讲民主，这在《论语》中另有专题。中华文化的民主精神，一个人立身、处世乃至一切，都要民主。我们民主的精神基于礼让，而西方民主的精神基于法治。礼让与法治有基本的不同，法治有加以管理的意义，礼让是个人内在自动自发的道德精神。

子曰：质胜文则野，文胜质则史。文质彬彬，然后君子。
——《论语·雍也》

质是朴素的本质，文是人类的经验见解，累积起来的人文文化。原始人与文明人在本质上没有两样，饿了要吃饭，冷了便要穿衣，不但人类如此，万物的本质也是一样。饮食男女，人兽并无不同。但本质必须加上文化修养，才能离开野蛮时代，走进文明社会的轨道。"质胜文则野"，完全顺着原始人的本质那样发展，文化浅薄，流于落后野蛮；"文胜质则史"，文化知识掩饰了人的本质，那好不好呢？孔子认为，偏差了还是不对。这个"史"如果当作历史的"史"来看，就是太斯文、太酸了。我们拿历史来对证，中外历史都是一样，一个国家太平了一百多年，国势一定渐渐衰弱，艺术文化却特别发达。换句话说，艺术文化特别发达的时代，也就是人类社会趋向衰落的时候。如罗马的鼎盛时期，建筑、艺术、歌舞渐渐发展，到了巅峰，国运即转衰微。

所以"文质彬彬，然后君子"，这两样要均衡发展。后天文化的熏陶与人性本有的敦厚、原始的朴素气质互相均衡，那才是君子。

整个国家文化如此，个人也是如此。我有时不大欢喜读书太过用功的学生，很多功课好的学生，戴了深度的近视眼镜，除了读书之外一无用处。这是我几十年的经验所知，对或不对还不敢下定论。可是社会上有才具的人，能干的人，将来对社会有贡献的人，并不一定就是在学校里书读得很好的人。有个孩子书读得非常好，但看他做事，一点也不行，连个车子都叫不好。

所以我常劝家长们不要把子弟造就成书呆子，书呆子者，无用之代名词也。试看清代中叶以来，中西文化交流以后，有几个第一名的状元是对国家有贡献的？再查查看，历史上有几个第一名状元对国家有重大贡献的？宋朝有一个文天祥，唐朝有一个武进士出身的郭子仪，只有一两个比较有名而已。近几十年大学第一名毕业的有多少人？对社会贡献在哪里？对国家贡献在哪里？一个人知识虽高，但才具不一定相当；而才具又不一定与品德相当。才具、学识、品德三者兼备，这就是孔子所讲的"文质彬彬，然后君子"，不但学校教育要注意，家庭教育也要对此多加注意。

关于"文质彬彬"，再深入就要进入个人具体的修养和人性本质问题。人性究竟是善还是恶？这是中国哲学的基本，几千年来无法下定论，以后再讨论。现在我们单单讨论人类本性的这个"质"究竟怎样？这个问题也很难讲。不过人类原始的本性——质——是比较直爽的，我们看一个小孩子所表露的动作，纵然打破了东西，做错了事，他那个样子都蛮可爱的，因为他没有加上后天的颜色，还是人性的本质。假使人长大了，都还是这样，好不好呢？

有一个老和尚，收养了一个很小的孤儿，才二三岁就带到山上，关着门不使他与外界接触，也不教他任何事。到抚养成人了，有一次老和尚下山，一个朋友来访，问小和尚，师父哪里去了？小孩傻傻地说师父下山了。来客奇怪，你是他的徒弟，怎么什么事都不会？小和尚说，什么叫作会呢？客人就教他见了人要怎么讲礼，要怎样讲话，怎样对师父行礼。这小和尚已经是二十多岁的青年了，越学越会。客人没等他师父回来就先离开了，等到师父回来，小和尚到山门外老远去迎接，行礼问好。师父看见，奇怪极了，问起这一套举动是哪里学来的。小和尚说出经过，师父气坏了，找到那位朋友大吵一顿。他说我二十多年来，不让他染污上任何是非善恶，保留一副人性原本的清白，结果给你这一搞，心血白费了。这个故事的内涵很多，不妨从各方面去理解。

第二个故事，也是一个老和尚收了一个小孩，等他到了二十几岁，要带他下山，但很为他担心。老和尚就告诉他，你没有到人世间看过，现在我带你去，城市中很热闹，五花八门，不过什么都不必怕，只有一个东西——老虎，你要注意，那是会吃人的。小和尚问老虎是什么样子，老和尚就把女人的样子告诉他，说这就是老虎。老和尚带他走了一趟，回到山上问徒弟，在闹市里最喜欢的是什么？小和尚认为一切都很好，没有什么特别可动心的。老和尚又问，那什么东西最可爱呢？小和尚说，最可爱的还是老虎。

这两个故事都涉及了人性，所以讨论到《论语》上这个"质"字，一定要说怎样才是人的本质，也是很难下定论的。

如果质胜文，缺乏文化的修养就不美，倘使文胜质便很可能成为书呆子。学识太好的人，也很可能会令人头大。谈学问头头是道，谈做人做事，样样都糟，而且主观特别地强。所以文与质两个重点要平衡。

子曰：人之生也直，罔之生也幸而免。

——《论语·雍也》

讲到质与文以后，孔子说，人生来的天性，原是直道而行，是率直的。说到这里就很妙了，人喜欢讲直，站在心理学的观点来看，一个尽管很坏的人，也喜欢他的朋友很老实，不但老实人喜欢老实人，连坏人也欢喜老实人，从这里就可以体会到，人应该做哪一种人才对。人都喜欢别人直——诚实，即使他自己不诚实，至少对于老实人，肯上他当的，还是喜欢。从教育上看，任何一种教育，都是教孩子要诚实，不要撒谎，可是人做到了没有？不可能。

就我来说，十几年前，我有一个孩子还小的时候，每逢晚上，来访的朋友太多，简直没的休息，有时很烦。有一天实在疲劳，也知道有位先生一定会来访，我就交代孩子："我去楼上睡觉，有人来访，说我不在。"结果这位客人来了，我孩子说："我爸爸告诉我，他要睡觉，有客人来就说不在！"应该骂孩子吗？不应该，我们要求他要诚实，他讲得很诚实，他很对，不对的是我们，那么人到底应不应该率直？呆板的直，一味的直，会不会出毛病？这都是问题。所以人生处世的确很难，有时候做了一辈子人，越做越糊涂。

根据孔子的话，人生来很坦诚，很率直。试看每一个小孩都很诚恳，假定在幼儿园发现了一个会用心机的孩子，那这个孩子大成问题，不是当时身心有问题，就是将来长大了会成为问题人物，但绝大部分小孩都不会用心机。不过人慢慢长大了，经验慢慢多了，就"罔"了。

　　这个"罔"字做什么解释呢？平常用到迷惘的"惘"，在旁边多了一个竖心旁。"罔"字的意义，代表了虚伪、空洞。"罔之生也"，一个人虚虚假假地过一辈子。虚伪的人不会有好结果的，纵然有时会有些好际遇也是侥幸，意外免去了祸患，并非必然。必然是不好的结局。这两句话是说人天生是率直的，年龄越大，经验越多就越近乎罔。以虚伪的手段处世觉得蛮好的，但是结果一定不会好，纵然好也是"幸而免"。可是"幸而免"是万分之一的事，这种赌博性的行为，危险太大，是不划算的。

（选自《论语别裁》）

君子不会盲目乐观，小人心中永远有事

子曰：君子坦荡荡，小人长戚戚。

——《论语·述而》

前面说过，一个人一生没有人了解，虽有学问而没有发展机会，还是不怨天尤人，这种修养很难，所以君子要"坦荡荡"，胸襟永远是光风霁月。像春风吹拂，清爽舒适；像秋月挥洒，皎洁光华。内心要保持这样的境界，无论是得意或是艰困，都很乐观。但不是盲目乐观，而是自然地胸襟开朗，对人也没有仇怨。

至于小人呢？小人心里永远有事，慢慢就变成狭心症——这是笑话，借用生理病名来形容心理病态。小人永远是憋住的，不是觉得某人对自己不起，就是觉得这个社会不对，再不然是某件事对自己不利。我们都犯了这个毛病，有时候说："唉！这个社会没的搞的。"言外之意，我自己是了不起，而社会是浑蛋。这也是"长戚戚"的一种心理病。心里忧愁、烦闷、痛苦。这两句可以做座右铭贴在桌旁，随时注意自励，养成坦荡荡的胸襟。

跟着就说孔子个人的君子风范。

子温而厉，威而不猛，恭而安。

——《论语·述而》

这是弟子们记载孔子的学问修养表达在外面的神态。

第一是"温而厉"。对任何人都亲切温和，但也很严肃，在温和中又使人不敢随便。

第二是"威而不猛"。说到威，一般人的印象是摆起那种凶狠的架子，这并不是威。真正的威是内心道德的修养，坦荡荡的修养到达了，自然有威。尽管是煦和如春风，在别人眼中却仍然是不可随便侵犯的。不猛是不凶暴，如舞台上的山大王，在锣鼓声中一下蹿出来，一副凶暴的样子，那就是猛。

第三是"恭而安"。孔子对任何事、任何人非常恭敬，也很安详，既恭敬而又活泼不呆板。这三点也等于《学而》篇的注解。学问好的人，内心的修养表达在外面的，就是这样的情形，而以孔子来作为榜样，用白话翻译过来就是：有庄严的温和，有自然的威仪而并不凶狠，永远是那样安详而恭敬。

一个人道德修养真要做到"君子坦荡荡"，必须修养到什么程度呢？要做到"弃天下如敝屣，薄帝王将相而不为"。为了道德，为了终身信仰，为了人格的建立，皇帝可以不当，出将入相的富贵功名可以不要。到了这地步，那自然会真正"坦荡荡"。

曾子说："求于人者畏于人。"对人有所要求就会怕人，向人借钱总是畏畏缩缩的。求是很痛苦的，所谓"人到无求品自高"，所以要做到"君子坦荡荡"，养成"弃天下如敝屣"，然后就可以担当天下大任。因为这时候你并不以成为帝王将相而荣耀，对那个重任自然不能不尽心力。但隋炀帝另有一种狂妄的说法，他说："我本无心求富贵，谁知富贵迫人来。"能说这种狂妄的话，自有他的气魄，这是反派的。到他自己晓得快要失败了，被困江都的时刻，对着镜子拍拍后脑："好头颅，谁能砍之？"后来果然被老百姓杀掉了。这是反面的，不是道德的思想。

（选自《论语别裁》）

不经历艰难困苦，难成真君子

君子不可小知，而可大受也。小人不可大受，而可小知也。

——《论语·卫灵公》

这段话有两方面意思。我们研究起来就感觉到这则名言的深度，再配合人生的经验，一生用之不尽，受用无穷。

"君子不可小知"的"小知"，以客观而言，我们对伟大成功的人物，不能以小处来看他，等他有成就才可以看出他的伟大；相反，小人看不到大的成就，从小地方就可以看出他的长处。以主观而言：君子之大，有伟大的学问、深厚的修养、崇高的道德，看事情不看小处而注意大处；小人则不可太得志，如果给他大受，他受不了，小地方他就满足了。

我们看到过许多聪明人，年纪轻轻，一得志就完了，这就是"小人不可大受，而可小知也"。有许多人有真智慧，要看大节，在大节处能受，就是大根大器。古人有一首刻画人生很清楚的咏松诗：

自小刺头深草里，而今渐却出蓬蒿。

时人不识凌云木，直待凌云始道高。

这是讲一棵松树的幼苗，当小的时候，和一般的草一样，都埋在那里，谁也想不到，这一片小草里的这株幼苗，几十几百年以后会成为那么高大的树。它在当时是慢慢地出头，比小草只高一点，当时的人也绝认不出它将来会变成神木。一般人都等到这棵树长大了，高得看来差不多挨到天了，才仰头赞叹：伟大啊！高呀！好！了不起！人生也就是这样，当平常努力的时候，就是那么可怜，没人了解，等到成功以后，各个都叫好。看透了人生，只有自己去努力，成功了，自然有人赞美、喊伟大。学问也好，事业也好，都是这样。

同样地，另外有首诗也经常用来勉励学生：

雨后山中蔓草荣，沿溪漫谷可怜生。

寻常岂藉栽培力，自得天机自长成。

中国诗有些很难读，字面上看是描写景物，一幅不相干的图画，实际上含有很高的哲学道理。像这首诗，下雨以后，山里的草很快青青翠翠长了起来，沿溪漫谷都是，绿成一片。这样多普通的草，谁去种它们？谁给它们肥料？都是"自得天机自长成"的。人也是如此，像当年红叶少棒队，到日本比赛胜利了回来，大家都捧。可是当年他们在台东深山里练习的时候，石块当球，树枝做棒，岂不是"沿溪漫谷可怜生"吗？后来凯旋游行，大家都认为是我们的光荣。他们的成功不就是"寻常岂藉栽培力，自得天机自长成"吗？

人生也是如此，对孩子们的教育也是如此，要使他受得艰难，要给他"自得天机自长成"的环境。父母的爱护过分了，恰恰是毁了他。

我们看这两首诗，就可以了解小知大受的道理。伟大成就的人，都要从艰难困苦中站起来，不要被小聪明自误，更不要短视。所以《论语》上记载圣人之言了不起的地方，像一具很好的古董放在面前，它不受时间、空间的影响，越看越美，从任何角度看，都有新的发现。现在的工业产品就不一样，初看很漂亮，多摆两天就完了，很讨厌了，非把它毁掉不可。古书就有这个道理，它的含义使我们多方面去发觉体会。对这几句话，我们有时不必一定说是哪方面看法，要在人生中多加体会才对。

（选自《论语别裁》）

无所畏惧的人实在很危险

孔子曰：君子有三畏：畏天命，畏大人，畏圣人之言。
小人不知天命而不畏也，狎大人，侮圣人之言。

——《论语·季氏》

这里的"畏"就是敬。人生无所畏，实在很危险。只有两种人可以无畏，一种是第一等智慧的人，一种是最笨的人。这是哲学问题，和宗教信仰一样。我常劝朋友，有个宗教信仰也不错，不管信哪一教，到晚年可以找一个精神依靠。但是谈宗教信仰，第一等智慧的人有，最笨的人也有，中间的人就很难有。

人生如果没有可怕的、无所畏惧的，那就完了。譬如各位，有没有可怕的？一定有。老了怎么办？前途怎么样？没有钱怎么办？没车子坐怎么办？一天到晚都在怕。人生要找一个所怕的。孔子教我们要找畏惧，没有畏惧不行。

第一是"畏天命"，等于宗教信仰，中国古代没有宗教的形态，而有宗教哲学。有一位大学校长说："一句非常简单的话，越说越使人不懂，就是哲学。"这虽是笑话，也蛮有道理，由此可见哲学之难懂。中国的乡下人往往是大哲学家，很懂得哲学，因为他相信命。至于命又是什么？他不知道，反正事好事坏，都认为是命，这就是哲学，他的思想有一个中心。天命也是这样，"畏天命"三个字，包括了一切宗教信仰，信上帝、主宰、佛。一个人有所怕才有所成，一个人到了无所怕，不会成功的。

第二是"畏大人"，这个"大人"并不一定指官做得大。对父母、长辈、有道德学问的人有所怕，才有成就。

第三是"畏圣人之言"，《论语》、四书五经、《圣经》、佛经，这些都是圣人之言，我们怕违反了圣人的话。

我们只要研究历史上的成功人物就会发现，他们心理上一定有个东西，以普通的哲学来讲，就是找一个信仰、主义、目的作为中心，假使没有这个中心就完了。相反地，小人不知天命，所以不怕。"狎大人"，玩弄别人，一切都不信任，也不怕圣人的话，结果一无所成。这中间的道理也很多，历史、政治、哲学都有关系。

讲到这里，我们想到一个故事：有大小两条蛇要过街，大蛇想大摇大摆过去，小蛇不敢过去，叫住大蛇说，这样过街你我两个都会被打死，大蛇问该怎么办？小蛇说，有一个办法，不但不被人打死，还有人替我们修龙王庙。大蛇问什么办法？小蛇说，你仍然昂起头来大摇大摆过去，但让我站在你头上一起过去，这样一来，我们不但不被打死，人们看了觉得稀奇，一定认为龙王出来了，摆起香案拜我们，还再把我们送到一个地方，盖一个龙王庙。结果照这个办法过街，果然当地人看后盖了一个龙王庙。这个故事分析起来很有道理，所以一个人事业要成功，常在上面顶一个所畏的。有朋友去做生意，我劝他另外随便顶一个小蛇去当董事长，也不要当总经理，做一个副总经理就行了。慢慢过街，成功以后，反正有个大龙王庙，自有乘凉的地方，没有成功则可以少一点事。

还有一个故事，古时有一位太子，声望已经很高了，还要去周游列国，培养自己的声望。这时突然来了一个乡下老头儿，腋下夹把破雨伞，言不压众，貌不惊人，自称王者之师，可以平天下，求见太子。太子延见，这老头儿说，听说你要出国，但这样去不行，你要拜我为老师，处处要捧我，在各国宴请你的时候，大位要让我坐，这样才能成功。太子问这是什么道理？老头儿说，我以为你很聪明，一提就懂，你还不懂，可见你笨。现在告诉你，你生下来就是太子了，绝对不会坐第二个位置，而你在国际上的声望已经这样高，再去访问一番，也不会更增加多少。可是这次出去不同，带了我这样一个糟老头子，还处处恭维我，大家对你的观感就不同，认为你了不起。第一，你礼贤下士，非常谦虚。第二，这糟老头的肚里究竟有多大学问，人家搞不清楚，对你就畏惧。各国对你有了这两种观感，你就成功了。太子照他说的做，果然成功。这不只是一个笑话，由此可懂人生。懂了这个窍，历史的钥匙也拿到了，乃至个人成功的道理也就懂了。

有时候把好位置让给别人坐坐，自己在旁边帮着抬轿，舒服得很。这就是君子三畏的道理，一定要自己找一个怕的，诚敬地去做，这是一种道德。没有可怕的，就去信一个宗教；再没有可怕的，回家去装着怕太太。这真是一个哲学，我发现一个有思想信仰的人，他的成就绝对不同，一个人没有什么管到自己的时候，很容易就是失败的开始，不然，还是回家拜观音菩萨才好。

（选自《论语别裁》）

学会尊重自己，懂得尊重别人

子曰：君子不重则不威，学则不固，主忠信，无友不如己者，过则勿惮改。

——《论语·学而》

说句笑话，朱文正公及有些后儒，都该打屁股三百板，乱注乱解错了，所以中国文化给自己人毁了。我们怎么看出来的呢？不知道诸位是否跟我一样都见过的，清朝末年，老一套的学者，大体上许多都是这样的，他们读了这句"君子不重则不威"，就照宋儒的解释学样起来，用现代的话来讲，对于年轻人真是"代沟"。那时老头子们在那里谈笑——你不要以为老头子们谈笑会有第二个方式，还不是一样谈饮食男女，人事是非，再不然就谈调皮话，不管他学问多高，都是人嘛！人很普通，都是一样。可是那些老头子明明正在谈笑不相干的事，看到我们年轻人一进去，那个眼镜搁在鼻尖上，手拿一根烟筒的老头子，便憋起嗓子道："嘿！你们来做什么？好好念书去！"一副道学面孔。他们认为对年轻后代要"重"，可是他们不知道"重"是怎么解释，以为把脸上的肉挂下来就是"重"，为什么呢？"君子不重则不威"，硬要重，"学则不固"，不重呀，学问就不稳固了。

接着"无友不如己者"，照他们的解释，交朋友不要交到不如我们的。这句话问题来了，他们怎么注解呢？"至少学问道德要比我们好的朋友。"那完了，司马迁、司马光这些大学问家不知道该交谁了。照他这样——交朋友只能交比我们好的，那么大学校长只能与教育部部长交朋友，部长只能跟院长做朋友，院长只能跟总统做朋友，当了总统只能跟上帝做朋友了，"无友不如己者"嘛！假如孔子是这样讲，那孔子是势利小人，该打屁股。照宋儒的解释，下面的"过则勿惮改"又怎么说呢？又怎么上下文连接起来呢？中国文化就是这样被他们糟蹋了。

事实上是怎么说的？"君子不重则不威"的"重"是自重，现在来讲是自尊心，也就是说每个人要自重。拿现代话来讲，也可以说是自己要有信心。今天中午有一位在国外学哲学的青年，由他父母陪来找我，这青年说："我觉得我自己不存在。"我说："你怎么不存在？"他说："我觉得没有我。"我说："现在我讲话你听到了吧？既听到了怎么会不存在呢？根据西方哲学家笛卡儿的思想，'我思故我在'，你能够思想，你就存在，你怎么没有？"他说："没有，我觉得我什么都不行。"我说："你非常行，比任何人都行。"事实上，这个孩子是丧失了自信心，要恢复他的自信心就好了。

我们要知道，人都天生有傲慢，但有时候对事情的处理，一点自信都没有，这是心理问题，也是大众的心理。比如交代一个任务给你，所谓"见危授命"，你有时候会丧失了信念，心理非常空虚，在这地方就需要真正的学问，这个学问不是在书本上，这就是自重。所以一个人没有自信，也不重视自己，不自尊，这个学问就不稳固，知识就没有用。

而"无友不如己者"是说，不要看不起任何一个人，不要认为任何一个人不如自己。上一句是自重，下一句是尊重别人。世界上的人聪明智慧的程度大约相差不多，反应快的叫聪明，反应慢的就叫笨。你骗了聪明的人，他马上会知道；你骗了笨人，尽管过了几十年之久，他到死终会清楚的，难得有人真正笨到被你骗死了都不知道的，这个道理要注意。

所以，不要看不起任何一个人，人与人相交，各有长处，他这一点不对，另一点会是对的。有两个重点要注意："不因其人而废其言，不因其言而废其人。"这个家伙的行为太浑蛋了，但有时候他说的一句话很好。你要注意，不要因为他的人格有问题，或者对他的印象不好，而对他的好主意硬是不肯听，那就不对了。有时候这个人一开口就骂人说粗话，你认为说粗话的土包子没有学问，然后把他整个人格都看低了。这都不对，不能偏差，世界上每个人都有他的长处，我们应该用其长而舍其短，所以"过则勿惮改"，因为看到了每一个人的长处，发现自己的缺点，那么不要怕改过，这就是真学问。

据心理学的研究，人对于自己的过错，很容易发现。每个人自己做错了事，说错了话，自己晓得不晓得呢？绝对晓得，但是人类有个毛病，尤其不是真有修养的人，对这个毛病改不过来。这毛病就是明明知道自己错了，第二秒钟就找出很多理由来，支持自己的错误完全是对的，越想自己越没有错，尤其是事业稍有成就的人，这个毛病一犯，是毫无办法的。所以过错一经发现后，就要勇于改过，才是真学问、真道德。

那么，我如何来证明这个"无友不如己者"是这样解释呢？很自然，还是根据《论语》。如果孔子把"无"字做动词，便不用"无"字，而说"毋意""毋我"等等，都用"毋"字。根据上下文和整个《论语》的精神，这句话是非常清楚的，上面教你尊重自己，下面教你尊重别人。过去一千多年来的解释都变成交情当中的势利，这怎么通呢？所以我说孔家店被人打倒，老板没有错，都是店员们搞错了的，这要特别修正的。

（选自《论语别裁》）

富贵应当怎么求

子曰：富而可求也，虽执鞭之士，吾亦为之；如不可求，从吾所好。

——《论语·述而》

这是孔子有名的话，说明他对立身处世的态度。在《论语》上是"富而可求也"，但在《史记·伯夷列传》引用孔子的话，写作"富贵如可求也"，还多一个"贵"字。这也是一个问题，古书上这些小问题读书时要注意到。我认为《论语》的记载比较对，应该没有"贵"字，因为《尚书·洪范》篇讲五福：寿、富、康宁、攸好德、考终命，便没有"贵"字。我们中国人的人生哲学，"富贵"两字往往连起来讲，富了自然贵，不富就不贵，富更重要，所以在这里"富"字应该已经包括了"贵"字。孔子认为富是不可以去乱求的，是求不到的，假使真的求得来，就是替人拿马鞭，跟在后头跑，所谓拍马屁，乃至叫我干什么都干。假使求不到，那么对不住，什么都不来。"从吾所好。"孔子好的是什么？就是道德仁义。

　　富贵真的不可求吗？孔子这话有问题。中国人的老话："小富由勤，大富由命。"发小财、能节省、勤劳、肯去做，没有不富的；既懒惰又不节省，永远富不了。大富大到什么程度很难说，但大富的确由命。我们从生活中体会，发财有时候也很容易，但当没钱时一分钱逼死英雄汉，古诗说："美人卖笑千金易，壮士穷途一饭难。"在穷的时候，真的一碗饭都难解决。但到了饱得吃不下去的时候，每餐饭都有三几处应酬，那又太容易。也就是说，小富由勤，大富由命，但命又是什么东西？这又谈到形而上去了，暂时把它摆着。

　　现在孔子所谓的"求"，不是"努力去做"的意思，而是想办法，如果是违反原则而求来的，是不可以的。所以他的话中便有"可求"和"不可求"两个正反的道理，"可"与"不可"是对人生道德价值而言。如富可以不择手段去求得来，这个富就很难看，很没有道理，所以孔子说这样的富假使可以去求的话，我早去求了。但是天下事有可为，也有不可为，有的应该做，也有的不应该做，这中间大有问题。如"不可求"，我认为不可以做的，则富不富没有关系。因为富贵只是生活的形态，不是人生的目的，我还是从我所好，走我自己的路。

子曰：饭疏食饮水，曲肱而枕之，乐亦在其中矣。不义而富且贵，于我如浮云。

——《论语·述而》

这是孔子最有名的话，而且在文学境界上，写得最美。孔子说，只要有粗菜淡饭可以充饥，喝喝白开水，弯起膀子来当枕头，靠在上面酣睡一觉，人生的快乐无穷！舒服得很！就是说一个人要修养到家，先能够不受外界物质环境的诱惑，进一步摆脱了虚荣的惑乱，乃至于皇帝送上来给你当，先得看清楚应不应该当。有了这个修养，才可以看到孔子学问修养的境界。

人生的大乐，自己有自己的乐趣，并不需要靠物质，不需要虚伪的荣耀。不合理地、非法地、不择手段地做到了又富又贵是非常可耻的事。孔子说，这种富贵，对他来说等于浮云一样。孔子把这种富与贵比作浮云，比得妙极了。并不是如后世认为像天上的云，看都不要看一下。唐诗宋词，作流水浮云的作品太多了。在孔子当时，很少用到。我们要注意到，天上的浮云是一下子聚在一起，一下子散了，连影子都没有。可是一般人看不清楚，只在得意时看到功名富贵如云一样集在一起，可是没有想到接着就会散去。所以人生一切都是浮云，聚散不定，看通了这点，自然不受物质环境、虚荣的惑乱，可以建立自己的精神人格了。

（选自《论语别裁》）

时刻反省自己的个性

子曰：恭而无礼则劳，慎而无礼则葸，勇而无礼则乱，直
而无礼则绞。君子笃于亲，则民兴于仁。故旧不遗，则民不偷。

——《论语·泰伯》

这是孔子说明人生修养的境界，要深入研究，意义包括
很多。大而言之，就是政治领导哲学；小而言之，是个人的
人生修养道理。恭就是恭敬。有的人天生态度拘谨，对人对
事很恭敬；有的人生来就昂头翘首，蛮不服气的样子。有的
长官对这种人的印象很坏，其实大可不必，这种态度，是他
的禀赋，他内心并不一定这样。所以我们判断一个人的好坏，
不要随便被外在的态度左右，尽量客观。孔子所说的恭而无
礼，这个礼不是指礼貌，是指礼的精神、思想文化的内涵。
所以不要认为态度上恭敬就是道德，有恭敬态度而没有礼的
内涵就是"劳"。换句话说，外形礼貌固然重要，如果内在
没有礼的精神，碰到人一味地礼貌，则很辛苦、很不安详。

"慎而无礼则葸"，有些人做事很谨慎，非常小心，固然很好，但过分小心就变成无能和窝囊，什么都不敢动手，土话说"树叶掉下来怕打破头"，确有这种人。

"勇而无礼则乱"，有些人有勇气、有冲劲，容易下决心，有事情就干，这就是勇。如果内在没有好的修养，便容易出乱子，把事情搞坏。

"直而无礼则绞"，有些人个性直率、坦白，对就是对，不对就是不对。当长官的或当长辈的，有时候遇到这种人，实在难受，常叫你下不了台。老实说这种阳性人心地非常好，很坦诚，但是学问上要经过磨炼、修养，否则就会"绞"，绞得太过分就断，误了事情。

恭、慎、勇、直都是美德，很好的四种个性，但必须经过文化教育来中和，不然就成为偏激，这四点也成了大毛病，并不一定对。太恭敬了变成劳，中国人说"礼多必诈"，像王莽就很多礼；太谨慎了变成窝囊；太勇敢了，容易决断，成为冲动，有时误了事情；太直了，有时不但不能成事，反而偾事。项羽就是太勇、太直这两个反面的缺点，清代诗人王昙说他"误读兵书负项梁"，很有道理。所以教育文化，非常重要，自己要晓得中和，明白这四点是每一个人反省自己个性的标准。

孔子接着说："君子笃于亲，则民兴于仁。"中国人讲孝道，如果对于父母、兄弟、姊妹、朋友都没有感情，亲情不笃，而要他爱天下、爱国家、爱社会，那是空洞的口号，不可能的。说他真的有爱心，他连父母、兄弟、姊妹、朋友都没爱过，怎会爱天下、国家、社会？私事不爱而能爱公众，事实上没有这回事。爱天下国家，就是爱父母兄弟的发挥。儒家讲爱是由近处逐渐向外扩充的，所以先笃于亲，然后民兴于仁，从亲亲之义出发，整个风气就是仁爱，人人都会相爱。

"故旧不遗，则民不偷"的故旧有两个意义，过去的解释是老朋友、老前辈。像古人说的念旧，老朋友的交情，始终惦念他，即所谓"滴水之恩，涌泉相报"，如韩信一饭难忘的故事。他倒霉的时候，饿得不得了，在溪边吃了一个洗衣服老太婆的饭，匆匆忙忙，没有问清姓名就走了。后来他封了王，想找这个老太婆报答，找不到，只好将千金放在水里。古人就有这个精神。

汉光武当了皇帝，找老同学严光叙旧。朱元璋当了皇帝，要找年轻时和他一起种田的老朋友田兴出来，找不到就下令全国一起找，田兴却硬不肯出来做官，只是到处做好事。后来有人报告，一个县里有五只老虎出来吃人，厉害得很，而有一个人把那五只老虎都打死了，朱元璋接到公文，知道一定是老朋友田兴做的好事，于是找来翰林院的进士，都是文学修养非常高的，要他们赶快写信去把田兴找来。于是翰林先生们之乎者也矣焉哉、孔子曰、孟子曰，咬文嚼字，朱元璋看了半天，皱皱眉，摇摇头，还是自己动手写。他写的是白话，内容大要说：皇帝是皇帝，朱元璋是朱元璋，你不要以为我做了皇帝就不要老朋友，你不来就没有种，我们两兄弟还是好兄弟，我今天不是以皇帝身份找你来，我们两兄弟见面，有种的你过河来吧！和当年两个人放牛时打架对骂的口吻一样。田兴看了这封信来了，但还是不做官，玩了一阵子就走了，这就是历史上的念旧。可是今天的社会这种事就很少，有的人环境好了，看到老朋友，要问贵姓了，古人说富贵不可骄人，只有贫贱可以骄人，穷人气大，我反正穷，不看你就不看你，这是故旧的第一个观念。

故旧的另外一个意义就是传统，故旧不遗就是传统观念不要放弃。如果你要推翻传统，最好先推翻你自己，因为你是父母生的，祖宗传统而来的，没有父母这个传统，就传不下来你这个统，万事总有个来根。所以孔子说"故旧不遗"，一个伟大的人物一定有真感情，可以做英雄，可以做烈士，有真感情才肯牺牲，才付得出来，有这种血气，"则民不偷"，偷是偷巧。不偷巧，社会风气就稳了。儒家主张的道德政治，个人修养首先在道德的精神。道德的精神要坚定的思想和真实的感情，才能够发挥出来。

（选自《论语别裁》）

君子要成人之美，可怎样才是美？

子张问政。子曰：居之无倦，行之以忠。子曰：博学于文，约之以礼，亦可以弗畔矣夫。子曰：君子成人之美，不成人之恶。小人反是。

——《论语·颜渊》

子张问个人去从政，担任公家的职务，要具备一些什么条件？孔子说："居之无倦，行之以忠。"这八个字表面上看起来很容易，但认真地想还真不容易。对自己的职务绝对诚敬而不厌倦，这是很成问题的。许多地方都可以看到工作服务态度差的人，有人说是因为待遇不好，所以工作情绪不好。这也不见得，有的地方登报征求人才，只有一千五百元月薪，而应征的达六百多人，其中还有的是大学研究所毕业的。可见并不完全是待遇问题，而是教养的问题。学问、学位和职业三个东西分不开，尤其从政，要"居之无倦"，全部精力放进去，如果厌倦，换个工作好了，这是从政的精神。但是我们看到许多人服务态度不好，都是由于对职业的厌倦。老古话说的"做一行，怨一行"，如果做一个心理测验，到底做哪一行不厌倦？大概没有这一行。就是拿钱吃饭不做事，该是舒服了，久了也会厌倦。还有"行之以忠"，从政则一切尽心尽力，为国家、团体、职务尽心尽力而忘记了自己，是很不容易的，怎样才能做到这八个字的精神？还是要学问，还是要修养。

所以下面孔子说："博学于文，约之以礼，亦可以弗畔矣夫。"要靠学问，这又牵涉到文与质的问题。学问精通了的人可以做到；绝对没有知识的人、普通的人、本质很好的人也做得到。最怕是半吊子。所以要"博学于文，约之以礼"，一切渊博以后，选定一点，这也是现在专家教育的精神，先求渊博，以后再求专一。做人的道理也是一样，一切通透了，然后选择人生专一的道路，这样大概差不多，不至于离经叛道。

下面再说到个人的修养："君子成人之美，不成人之恶；小人反是。"一个君子，看到朋友、同事以及任何的好事，都愿意帮助他完成，坏事则要设法阻难，使其无法完成。从政、做人都一样要做到这个程度。而小人却正好相反，就喜欢帮人家做坏事。

再引申来讲"君子成人之美，不成人之恶；小人反是"

这句话。我们把"成人之美"用成了口头语，例如替人家做媒，就常说，但这句话是不负责任的。因为男女双方谈恋爱，已经成熟了，不过到时候在结婚证书上，帮忙盖一个图章而已，这就美其名为"成人之美"？而事实上这又究竟算不算"成人之美"，有时候很难断定。像我曾为学生证过几次婚，结婚很圆满的不多，所以后来有人请我证婚，我说还是不要找我，因为我的福气不好。以前老规矩结婚，没有证婚人，而要请有福气、子孙多的老夫妇为新人铺床，以沾福气。现在不铺床，请人证婚，所以我说最好请有福气的人。当然这是笑话，真正的道理，是"成人之美"的"美"，到底什么是美？

　　讲到这里，就联想到西方文化进来以后，大家喜欢用的真、善、美。这三个字不过是西方文化特别注意、特别提出的，并非中国文化里面没有。但在学哲学的人的观念里，对世界上究竟哪件事是真的或假的？善的或恶的？美的或丑的？没有办法下定论。因为有许多人行为、观念、道德、善恶标准，是由于时间、空间不同而有区别的，例如到了西藏，与人见了面，要伸出舌头来，还要发出"哧！哧！"的声音，形态并不美观，算是行礼，这就是善吗？又如在印度遇见人，最高的礼貌是在地上打个滚，这就是善吗？可是在那里又非这样不行。这还是表面的事。所以真正的善恶，在哲学的范围是很难说的。

美与丑也是一样。男女之间热恋的时候，别人看他们蛮丑的，他们却觉得对方很美。也有的人，太太很漂亮，感情闹得不好，而在外面交一个大家都认为很丑的女朋友。所以美与丑都是主观的、唯心的，没有标准。这如乡下人的话——"臭猪头自有烂鼻子的菩萨要吃"，这句话的意义实在很深长。

美丑既然没有标准，怎样才是"成人之美"就更难说了。下面说"不成人之恶"是反面说法。做好事，本来是很难的，像帮助孤儿，就有一位老朋友警告我，不能随便办孤儿院。一方面，如经济不充足，收容了一百人，到一百零一人时，还是没有办法。最好是不出名，不挂招牌，而想办法将孤儿分散给人领养，或送去当学徒、进夜校。这样才踏实，较完美。我也曾经访问过孤儿院出生的孤儿，一百人中，九十五人是对孤儿院抱怨的。另一方面访问从事孤儿院工作的人，更是满腔怨言。双方都会埋怨，到底错又在谁呢？所以做一件善事，想"成人之美"很难做到。因为进孤儿院的孩子，心理容易不健全。自己感到是一个孤儿，别人的善意，他也会怀疑，等于对后娘一样，后娘好，他认为是手段，后娘不好，他认为毕竟不是亲娘。后娘难做也就在此，因此有些孤儿院的工作等于是失败的。由此看来，孤儿出身的人，最后必然走上两条路：一条是对穷苦孤儿非常同情，一生都做好事；另一条路是相反的，对社会仇恨，他自己困难时，没有人来相助，现在为什么要对别人好？养老院也如此，不容易办得好，主事人难于做到"居之无倦，行之以忠"，最后成了形式。因此"君子成人之美"这句话，不能随便引用，这美是善的美，不助别人的坏，可是这两句话反面意思的错误，我们经常会犯，往往自认为做了好事，结果成了坏事，无形中犯了很多错。最初的动机蛮好，为"成人之美"，结果却"成人之恶"。可见成人之美的道理易懂，但身体力行起来，就非常困难。

（选自《论语别裁》）

第五章

做一个有尊严的人

讲条件算利益，交不到好朋友

万章问曰："敢问友。"

孟子曰："不挟长，不挟贵，不挟兄弟而友；友也者，友其德也，不可以有挟也。孟献子，百乘之家也，有友五人焉：乐正裘、牧仲，其三人则予忘之矣。献子之与此五人者友也，无献子之家者也；此五人者，亦有献子之家，则不与之友矣。非惟百乘之家为然也，虽小国之君亦有之。费惠公曰：'吾于子思，则师之矣；吾于颜般，则友之矣。王顺、长息，则事我者也。'非惟小国之君为然也，虽大国之君亦有之。晋平公之于亥唐也，入云则入，坐云则坐，食云则食；虽蔬食菜羹，未尝不饱，盖不敢不饱也。然终于此而已矣。弗与共天位也，弗与治天职也，弗与食天禄也。士之尊贤者也，非王公之尊贤也。舜尚见帝，帝馆甥于贰室，亦飨舜；迭为宾主。是天子而友匹夫也。用下敬上，谓之贵贵；用上敬下，谓之尊贤；贵贵、尊贤，其义一也。"

——《孟子·万章下》

孟子的弟子万章向孟子询问友道的问题。友道就是朋友的关系，讨论一个人的处世之道，尤其一个知识分子在社会上该怎样自处。

　　这一段可以与《礼记》中的《大学》《中庸》《内则》《儒行》几篇连起来研究。《儒行》《内则》就是阐述一个知识分子应该怎样做人，怎样做事，怎样交友，人与人之间该怎样相处的道理及其重点。

　　孟子告诉他，交朋友之道，第一要"不挟长"，不以自己的长处为尺度去衡量别人，看别人的短处。例如学艺术的人，见人穿件衣服不好看就烦了，读书人觉得不读书的人没有意思，练武功的人认为文弱书生没有道理，这都是"挟长"。

　　第二"不挟贵"，自己有地位，有钱，有名气，因此看见别人时，总把人看低，这也不是交友之道。

　　第三"不挟兄弟而友"，朋友就是朋友，友道有限度，对朋友的要求不可如兄弟一样，不可过分。一般人交友，往往忽略这一点，认为朋友应该一如己意，朋友事事帮忙自己，偶有一事不帮忙，便生怨恨。另外，不帮忙还好，越帮忙，你越生依赖心，结果反而害了自己。这三个要点非常重要，每人如略做反省，就会发现，自己常会犯的。

　　在相反的一面，我们并不能因为对方有长处就想去沾一点光，也不能因为对方有钱有势而企图从中得到什么便宜。

例如"五四"运动后，胡适之出名，便有一个文人在文章中写道："我的朋友胡适之。"其实胡适之并不认识他，直到现在这句话还常被人引用，去讥评趋炎附势、脸上贴金的人。明明只有一面之缘，却口口声声说："他是我的老朋友，我们熟得很。"这叫作交浅言深，也是不好的作风。

"友也者，友其德也"是说，交朋友要为道义而交，不是为了地位而交，不是为了利用人而交，也不是为了拜把兄弟多，可以打天下，或如江湖上人"开码头""扬名立万"而交。交朋友纯粹是道义之交，不可有挟带的条件。常有年轻人说："我们同学很多，将来可成为一帮"，这就是挟带了条件，已经不是真正的友道，只是利害的结合。孔子说，朋友的道义是彼此规过劝善，不是专说好话。其次，朋友有"通财之义""患难相扶持"，不是富贵相扶持。其中以"通财之义"最难做到。自古以来有句俗谚"仁义不交财，交财不仁义"，可见通财之义更难。

孟子再举出古人的几个交友例子来阐明这友道三原则。

首先举孟献子为例：孟献子是鲁国第一位大权臣，他是百乘之家，富比诸侯，权位等于鲁国的副国君，但是他在友道上很了不起，他有五位真正的朋友。孟献子是周朝以来，几百年的世家出身，古代贵族永远是贵族，享有读书的特权。那时的社会，读不到书的人永远读不到书，因为书不像现在可以随便买到，古书是用刀刻在竹简上，一片一片的，一部书就可能要堆积满满二十坪的面积，普通人谁读得起？所以知识分子的家庭，子弟代代相传，永远是知识分子；平民欲想读书，比奴隶想发财更难。

孟献子出身贵族，家世、财富、权位都到了极点，照说朋友该很多，可是他只有五个朋友，包括乐正裘和牧仲两位。这五个人是有道德、有学问、不求功名富贵的，君王想和他们交往做朋友，他们也不来，却和孟献子做了朋友，这就可见孟献子之不平凡。孟献子和他们交朋友，只因为他们有道德、有学问；他们五人本身既无财富，也无权位，也没有把孟献子家的富贵放在眼里。

这是中国古代读书人、士大夫的精神，所谓"天子不能臣，诸侯不能友"。像尧舜时代的许由，尧去找他，请他当君王，许由赶快逃到溪水里洗耳朵。另一位隐士巢父，正牵着牛在溪边准备喝水，看见许由洗耳朵，就问为什么洗耳朵；许由说刚听了人家说了一番脏话，所以来洗耳朵，并把尧找他当君王的事告诉巢父。巢父说你洗过耳朵的水，牛喝了嘴都会脏，于是把牛牵到上游去喝水。像这一类人的思想行为，成为中国知识分子所标榜的高尚人格。孟献子的五个朋友，就是这一类型的人物。

孟子说，孟献子和这五个人做朋友，是忘记了自己的身份，忘记了自己的家世、富贵、权位，纯粹就是好朋友。这五个人看孟献子，也不管他的家世，只认为孟献子这个人够格、够条件做朋友，有味道，所以成为朋友。如果他们心目中有了孟献子家世的观念，也早就不和孟献子做朋友了。

这就是孟子说明交朋友的"友其德"的原则。

孟子说：不但孟献子这样的世家交朋友有如此好的榜样，就是一些小国的诸侯，也有这种情形的。费国的国君惠公，是周朝分封诸侯时所封的公，当时有公、侯、伯、子、男几种不同的等级。到春秋战国时代，一些诸侯违反了这个制度，自己开始称王称霸了。孔子著《春秋》，微言大义，就是批评这些不合理的事情。而费国之君此时仍自称惠公，是遵守当时的制度的。他自己说做人原则：对于孔子的孙子子思，不敢说是朋友，仍尊为老师；对于颜般这个人，却是朋友，不是老师；还有学问很好的王顺、长息他们，那只是我的部下，替我做事的，我可以命令他们。所以他在"师道""友道""臣道"方面，十分分明。

曾子曾经说过："用师者王，用友者霸，用徒者亡。"孟子的这种观念也是继承孔子、曾子的思想，而成为中国历史的一个定论。如汤之于伊尹，周文王之于姜太公，都是以师道相处；汉高祖之于张良，则在师友之间；刘备之于诸葛亮，则是以友道相待。所以用师道相处则是成王，成功最大；以友道待贤能的人，则可称霸；至于用徒，那就谈不上了，那只是爱用听话的人，只是让被用的人听自己的。用友则不同，可以相互讨论研究的；用师则更不同了，那就不只是讨论，老师说了就算数的。当皇帝的要听一个老头子的话，要听他说"你非这样办不可"，那还受得了！这种修养就很难。在感情上最痛快的就是用徒，只晓得当面"山呼万岁"，指东便东，说西就西，错了他也跟着错，绝不提出正确的意见。用这样的人虽痛快，可是有什么用？所以用徒者亡。

孟子又说：不但像费国这样的小国之君有如此典范，在大国之中也有如此懂得友道的。就像晋平公对于亥唐这个贤人也是一样，他去看亥唐，亥唐说请进，他就进去；说请坐，他才坐下；请他吃饭，他也就和亥唐一起吃饭。虽然只是普通的素餐，他也照样吃得很饱，因为怕亥唐说他吃惯了宫廷中的山珍海味，嫌弃亥唐的素餐。但是，他们的交情就到此为止，晋平公并没有请亥唐"出山任职"，权、位、财富一样也没给他。

这是为什么呢？只因为亥唐是一个贤者，是不愿出来做事的隐士，所以晋平公只是以一个读书人的身份和他交往，并没有以国君的身份和他做朋友。这只是私交、道义之交，不涉及公谊。否则的话，如请他做官，给他权位、财富，他可能和许由、巢父一样，要跑到溪水里洗耳朵，反而失去了一个贤人朋友。所以晋平公和亥唐这样的交往，是以一个读书人尊贤，不是以一个国君的立场。

孟子再举尧舜之间的友道。舜是尧的女婿，但在有岳婿关系之前，两人之间也是朋友，后来变成了君臣与翁婿的关系，最后才让位给他。孟子说：当初舜见尧的时候，已经赏识这个人，想要他做女婿，所以"馆甥于贰室"——古礼对女婿也称"甥"，称"婿"是后世才有的。"贰室"就是副室，是帝王尧的副室，在尧隔壁的房间——古代君王的女婿也称驸马，不是可以随时见到岳父的。在国家体制上，驸马只是臣子，如果没有授给官位，还只是普通老百姓，不许干预国家政治，所以认真说来，驸马是很可怜的。从前听说公主要选驸马下嫁，一些可能被招为驸马的人家，每向祖宗磕头，请求保佑，千万不要让公主下嫁到家里来。如果公主下嫁到家里，视为倒霉，每天吃饭时，公主坐在首席，公公婆婆反而要在一边陪侍，这种滋味很不好受。而尧居然将自己的副室让给舜居住，已经不把他看成女婿，两人谈得来，尧欣赏他，把他当一个朋友接待。开饭时，两人也一起吃，可见舜的学问、道德、见解，使尧十分欣赏。许多事情舜提出好的意见，尧都接受，可见两人在初期的交情，是天子和普通老百姓的友道关系。

这些资料在别处找不到，只有《孟子》这里提出来。当然，他是应该有所根据的，不会乱编故事。

最后，孟子结论："用下敬上，谓之贵贵；用上敬下，谓之尊贤；贵贵、尊贤，其义一也。"这是为友道下的又一定义。在上位的尊敬下面，像尧（君王、丈人、老前辈）尊敬舜（下属、女婿、晚辈）一样，以礼相待，是"用下敬上"，以在下的态度把对方提高到平等的位置看，就是"贵贵"。前一个"贵"字为动词，后一个为名词——舜虽为下属，而尧看他是贵重的，因而就以贵重待他。"用上敬下，谓之尊贤"，这就较次一等了，因为自己仍居上位，为了尊贤而谦逊下士，尊敬别人，在下意识中还不忘自己身份之贵。"贵贵""尊贤"道理是一个，不过做法有差别。

（选自《孟子与万章》）

别人给你送礼，收还是不收？

万章问曰："敢问交际，何心也？"孟子曰："恭也。"

曰："却之却之为不恭，何哉？"曰："尊者赐之，曰：'其所取之者，义乎？不义乎？'而后受之；以是为不恭，故弗却也。"

曰："请无以辞却之，以心却之，曰：'其取诸民之不义也。'而以他辞无受，不可乎？"曰："其交也以道，其接也以礼，斯孔子受之矣。"

——《孟子·万章下》

万章又问到交际问题。交际就是人与人之间的交往。友道、臣道的交往范围较严谨，而交际的范围则广泛，是指人与人之间一般普通性的交往，不一定是君臣、朋友之间的交往。

万章问：一个人与他人交际，应该采取什么样的心理状态？换言之，该以什么心理去与人交往？

孟子说：与人交往要有恭敬的心理，不要儿戏，不要马虎，不只是表面打躬作揖的礼貌，要出自内心的恭敬诚恳。

万章马上针对这个观念来提问："却之却之为不恭"这句话是什么道理？现在我们流行两句成语，所谓"却之不恭，受之有愧"，是很有趣的。例如，你送食物来给我吃，我说："受之有愧，却之不恭。"吃你的我难为情，不吃呢对你不恭敬，还是吃掉吧！生活中经常会遇到这种情形，每当收到人家东西，接受嘛心里难过，为什么又花钱买礼物送来？退回去吧他又会多心。却之不恭的道理就是这样，有时过分推辞与轻易接受一样，都是不恭。

孟子说，"却之不恭"这句话是用在"尊者赐之"的场合，也就是当长辈、长上有赐赠时，不可拒收，所谓"尊者赐不敢辞"也，否则便是不恭。当然，应用这个原则还要考虑两点：一是对方是否为"尊者""长辈"，二是在收受之前应在内心考虑一下："其所取之者，义乎？不义乎？"如果我收受了，是合"义""理"呢，还是不合呢？经过考虑，如果认为不收受就是不恭敬，那么不可再推却了。

譬如一位小姐认识一位男士，见面一两次，这位男士就送一枚戒指，硬拉小姐的手指给她戴上，这时小姐是"却之不恭"呢，还是"受之有愧"呢？就要慎重考虑了。如果既不合理又不合礼，当然婉谢退回，甚至还拂袖而去，骂他鲁莽。

这种事却之才是恭的，受之倒是不恭。所以恭不只是外表的恭敬态度，更是内心的庄严，对自己重视，对朋友尊重。

其实，这第二个原则也是一般的收受原则，如果是合礼的尊者之赐，所谓"尊者赐，不敢辞"，就要收下。年轻人遇到伯、叔等父执长辈送来的东西，不能退回说：我不要，这样东西我已经有了。这样说多扫长辈的兴，所以自己实在已经有了三件，还是不可以说出来，因为长辈以为这是好东西才赐给你的，那就收下来，让长辈高兴一下也好。甚至可以学现代西方人的规矩，收到别人的礼物当众拆开来，让大家都能欣赏，虽然已经有了或者并不适用，也要表示自己正急需这样东西，而且称赞它的美好。

他们师生二人就一直针锋相对讲下去，像在打机锋。

万章继续问：拒绝收受别人的馈赠，似乎不太好做，自己心里判断着"其取诸民之不义也"，如果遇到不合礼、不合义或是来路不明的东西，是否可以在心中拒绝，而口头不说出拒绝的真正理由，以"他辞"委婉地拒绝呢？

孟子对这个疑问似乎没做正面回答，只是提出孔子的做法："其交也以道，其接也以礼"。事实上等于告诉学生，对于动机不纯的交往，来路不明的东西，对于一切不义之财，都是不合"道""礼"的，那就断然拒绝吧，何必扭扭捏捏以"他辞"拒绝呢？

万章曰："今有御人于国门之外者，其交也以道，其馈也以礼，斯可受御与？"

曰："不可。《康诰》曰：'杀越人于货，闵不畏死，凡民罔不憨。'是不待教而诛者也。殷受夏，周受殷，所不辞也，于今为烈，如之何其受之！"

——《孟子·万章下》

万章再就具体事例追问下去，说到"御人"之赠。

在现代语中，"御人"像是四川人所说的暴客、暴老二、土匪、强盗，杀人越货，强梁霸道。这两个字也可分开，"御"是强夺，是动词，与"人"字合起来是抢劫别人的意思。

这是万章的假定，他说：假定有一个人在国境之外抢了别人的东西，回到国内，却和你成为道义之交，又很有礼貌地把抢来的东西送给你，只说是带回来的土特产，给你做纪念，你是否接受呢？

这个问题非常之妙。因为这个御人是在境外抢别人的东西，换言之，并不是抢你我自己人的东西，不管他是盗、窃、骗、占而来，反正与全国人无关。这样的东西，可不可以收？

孟子说：不可，绝对不能接受。《书经·康诰》说，蛮横霸道地杀了人，又强占人家的东西，一点也不知怕死，对这种人，社会上没有不愤恨的。有这种行为之人，根本不必再教导他，就可以正法了。

他们师生两人讨论至此，竟然说到与强暴之人交往的事上去了，他们到底是指什么来说的？这些话的真正意义又是什么呢？好像说来牛头不对马嘴。其实这就像作文章一样，非常对题，绝对不是随便说的。

孟子紧接着说：商汤伐桀推翻了夏朝，武王伐纣推翻了殷商，而现在这种以攻伐为手段的事更厉害了，所以这种来源的礼物，应该不可以轻易地接受。

对于这段书，宋儒朱熹有注解。对于朱熹，我还是很尊重他的，因为他是夫子，夫子总该尊重的，不过不对的地方也就是不对。这段答话，朱熹的注解认为，文句中一定掉了字，或者有多余的字。朱熹虽然早我们一千多年，如果站在今日大学的讲台上讲课，而我是学生的话，我也一定要举手发问：朱老师！你讲得不对，这段书没有多余的字，也没有掉什么字，因为《万章》篇他们师生之间的对话，一路都是针锋相对地用机锋语，讨论到这里已经到了巅峰状态。第一，万章再三希望老师出来从政，孟子答复了许多理由，可是双方都在打太极拳，推来推去，不做正面打法。到了这里，万章突然使出了"大洪拳"，虎虎生风，迎面打出，正式发问了。他说：许多人固然是抢了人家的东西，可是"御人于国门之外"，并没有超过范围，这就是指当时战国七雄，都是自己称王，兼并弱小，扩充霸权抢来的天下，可以说都是不义的。

这就是庄子说的"窃钩者诛，窃国者侯"，偷人一个带钩，被抓住了要处死，偷了别人的国家自己却称王。"诸侯之门，仁义存焉"，自己当了王以后，又讲起仁义道德了，叫人们不可以拿别人的东西，否则要坐牢。所以说，五霸七雄的天下、王位是谁给的啊？都是抢来的，都是"御人"。

万章知道孟老师这种心思观念，想说服他是非常困难的，所以这一段问话等于劝老师说，这是人家自己去抢的，又不是你去抢来的，而且人家现在干得很好，来送礼给你，请你干，你为什么不干？

可是孟子还是说不考虑。孔孟之道，是以国家民族的千古文化传统精神之发扬光大与持续为前提，以伸张正义为责任，对于不合理、不合礼的事，写历史的都以孔子的《春秋》笔法加以"贬词"，绝不将就。所以孟子引用《康诰》，认为不合理的就不合理，绝对不接受。

因此他也说，即使是汤、武的革命，严格讨论起来，在历史哲学上还是站不住脚的。

不过话说回来，朱熹对于这段话，真的不懂吗？我看他是懂得的，只是不好意思讲出来。因为宋朝便是赵匡胤陈桥兵变，黄袍加身，严格说来是抢了柴家天下。朱熹是宋朝人，在当时不便讲，只好说可能这里掉了字。如果朱熹真的不懂，那问题就严重了，他这位"夫子"的招牌可要动摇了。

孟子对这一问题的答复是义正词严的，纵然是殷、周的革命，也是"诸侯之门，仁义存焉"。"所不辞也"四个字用得好极了，是绝妙的机锋。这四个字可以解释为商汤、周武他们居然就这样干下去，而不知道"却之不恭，受之有愧"；也可以解释为像殷、周这样的革命成就，不必再挑剔了，因为他们后来有功德，对国家民族的确有贡献。所以古文有时候很妙，虚字眼的运用，正如禅宗所说"如珠之走盘"，很难下断语。

不过孟子下面的两句话"于今为烈，如之何其受之"，分量更重了，意思是说，现在的社会越来越糟糕了，传统正义文化精神没有了，"如之何其受之"等于说：这种情形，怎么可以随便接受人家的赠予呢？这是不应该接受的。

因此，顺便想到清朝雍正时期的一件事：雍正三年（1725），在整治年羹尧时，蔡珽是第一个公开揭发、弹劾年羹尧的人，并不遗余力地清查年羹尧的财产。年羹尧被赐死后，雍正将没收来的年羹尧的房屋、奴婢，还有金银绸缎等，赐给御史蔡珽。蔡珽说，年羹尧的房屋是国家赐给他的，奴婢是隶属于内府的人，而金银财产皆不可问之物。佛经上说："忖己功德，量彼来处。"我不能接受这个赏赐啊！于是坚决辞而不受。雍正听了大为赞赏，这也是"如之何其受之"的道理。

（选自《孟子与万章》）

不合理的钱，一毛也不要？

（万章）曰："今之诸侯，取之于民也，犹御也；苟善其礼际矣，斯君子受之？敢问何说也？"

（孟子）曰："子以为有王者作，将比今之诸侯而诛之乎？其教之不改，而后诛之乎？夫谓非其有而取之者，盗也，充类至义之尽也。孔子之仕于鲁也，鲁人猎较，孔子亦猎较；猎较犹可，而况受其赐乎？"

——《孟子·万章下》

万章这位难缠的学生，到这里又要套住老师的话去诘难了，他话题一转，转到实际政治社会上去了。他说：现在诸侯们所有的金银财宝，无非是从人民口袋里拿来的，与盗贼无异。但这样得来的不义之财，拿去赐赏他的宾客、朋友、部下，只要礼貌周到，做出"礼贤下士"的样子，即使再有德行的君子，仍会接受这种馈赠，这也是不义之财嘛！请问老师如何解释？

这一诘问，等于将老师的军，真够厉害的。而孟子这位老师，确实高明，他不正面答复诘难，只举出一个比喻，申明个中道理。他说，如果现在有一位真正行王道的君主，看到诸侯们如此不仁，你认为他应把诸侯们通通抓起来杀掉呢，还是先加以教导，如有怙恶不悛者再行诛杀？

这个问题的答案孟子没有讲出来，书上也没有记载万章如何答复。但显然地，答案明白得很，当然是"教之不改，而后诛之"。这么一来，与前文所说的杀人越货犯，不论任何朝代，都不必再教化即行正法，似乎有所不同。

因此，根据这个比喻，孟子就下结论了："夫谓非其有而取之者，盗也，充类至义之尽也。"在原则上说，凡是"非其有而取"的都可谓为"盗"。这只是就其性质的最高原则而说的，然而就具体事实而言，两者仍然是有所不同。

所以关于盗行的哲学很妙，释迦牟尼佛讲到盗戒时，"王贼并称"。他指出，假设人有一元钱，自己只能占有到五分之一，因为王拿去一分，贼拿去一分，生病用去一分，家里人用去一分，只剩下一分由自己支配。而且这一分也只有使用权，并非所有权，这是释迦牟尼佛对财富的观点。再看自己享受的这一分，说不定放在口袋里又掉了，所以钱财是不可靠的。

孟子在这里所说的内涵也有"王贼并称"的意思，凡是不合礼的地方，王贼是相等、一样的。正如明代民间流传的一首诗：

　　解贼两金并一鼓，迎官两鼓一声锣。

　　金鼓看来都一样，官人与贼不争多。

　　孟子又怕不够深入，再举孔子为例。

　　孔子在鲁国也做过官，接受了鲁国的官位，"孔子之仕于鲁也，鲁人猎较，孔子亦猎较；猎较犹可，而况受其赐乎？"

　　"猎较"两个字，据历代解释，在国家要举行大祭时，大家喜欢出去打猎，看谁打得最多，并将猎来的动物杀了，拿去祭天地鬼神。我读《孟子》到这里，总觉得这种解释不通。古人认为"猎"即打猎，"较"是比赛，"猎较"是打猎比赛，这种解释有什么根据啊？不但朱熹如此解释，连《十三经》都如此说。我经过仔细研究，对这一解释另有观点。孔子出来做官，做了三个月的鲁国司寇，可鲁国人并不是因为尊重孔子的道德才请他，而是大家在竞争，像打猎一样，在利害上比较打算一下，才请孔子上台的。孟子认为，这样不合礼的事，照说孔子是不会接受的，但是鲁人"猎较"，孔子也"猎较"，出来比较一下，将就一次，如能上去把国家天下弄好，也是好的。孔子本不应该这样做，但在救世救人的大前提下，委屈自己"猎较"一番，也还算可以，不过，人家的赏赐是不可能也不会随便接受的。

对于"猎较"一词，我的解释是当时人事上的争斗、排挤、算计，并不是说孔子骑马去跟别人比较打猎，赢了便回来当司寇，世界上不会有这样的事，这是古人弄错了。我们不必以为古人一定了不起，若干年后我们也成了古人，也会被人指出来当招牌的，所以古人也和我们一样可能有错。我们读书，不要完全相信古人，变成"人云亦云"，而应该有自己的见地。

我们接着看下去，就可以证明我的这个观点：

曰："然则孔子之仕也，非事道与？"曰："事道也。"

"事道，奚猎较也？"曰："孔子先簿正祭器，不以四方之食供簿正。"

曰："奚不去也？"曰："为之兆也，兆足以行矣，而不行，而后去；是以未尝有所终三年淹也。孔子有见行可之仕，有际可之仕，有公养之仕。于季桓子，见行可之仕也；于卫灵公，际可之仕也；于卫孝公，公养之仕也。"

——《孟子·万章下》

万章一听孟子说孔子"猎较犹可"，好像打拳的，趁对方张开门户，有了空隙，立即一拳过去，说道：这样说来，孔子当时出来做官，可以将就现实，你老人家又为什么不将就一下呢？依你说，孔子当时出来做官，也是委屈了自己，走了一点点歪路，将就了一下，没有完全走直道。

孟子说：孔子的情形是不同的，他走的是直道。

万章说：你刚说的，他出来还是要先打打算盘，先"猎较"一番，如果走直道，又何必"猎较"呢？

孟子说："孔子先簿正祭器。"这里"簿正"一词，现代人不易了解，书上注解有"未详"两字，也就是不清楚。古代书籍是刻在竹片上，名为简，简上挖了孔，用牛皮制的筋，名为韦的，把它贯穿在一起，拼拢来的一端名为簿，所以簿字的上面是"竹"字，孔子研究《易经》到"韦编三绝"的程度，就是把牛皮做的韦都翻断了三次。

孟子这里是说，孔子以正统文化的精神考察古代的文化，以祭祀为先，并不是以四面八方来的机会作为谋生工作，他是以文化精神来竞争的。

对于这一段，我的观点又与古人不同，古人除了以"不详"说明以外，另一注解硬把"猎较"认定是打猎，说是因为祭品不够，所以要打猎。孔子先对一下数字，怎样安排，不以四面八方的饮食拿来做祭品。这种解释有什么根据？"不以四方之食供簿正"应该是"不食嗟来之食"的意思，宁可饿死，也不能随便，只有以文化传统的精神去竞争才是正理。

万章说：既然鲁国这样对待孔子，孔子何不走开？

孟子说：孔子怎么可以走开？鲁国是父母之邦，是孔子自己的国家，他要在自己的国家开一个好风气，造就善因。如果开了风气，大家并不接受，不能发生影响，行不通，这时当然只好离开父母之邦了。因为很伤心，所以犹豫不忍离去，拖了三年，不得已才到国外去。

孟子答复万章所问，说到孔子在鲁国做事及去国的经过，也等于把自己的心境说了出来，所以，孟子与万章师生之间的这段对话充满了机锋。

孟子又继续举出事证，说明孔子做事有三个方向，这些都是我们立身处世，值得效法的。他说：孔子若准备出来做事，是认为这件事对于社会、国家、人类有意义有贡献，这就是"有见行可之仕"。其次，有的时候，名义、地位都不计较，只当一个顾问、参议，甚至没有任何名义，也可以在旁边敲边鼓，站在旁边协助，这是"际可之仕"。还有第三"公养之仕"，就是老了，退休了，国家供养他一点生活费，这一点他就接受了。

孟子说，孔子在鲁国当司寇，是季桓子请他的，那时他是认为对社会国家会有贡献所以才出来，而上来第一件事就是杀了少正卯。少正卯是鲁国有特别大的名气，有特殊号召力的"闻人"，孔子知道这种人将来可能危害社会、国家和天下老百姓，所以一上台就杀了他，免贻后患。大概孔子干了三个月，便被权臣反攻而下台，可能也与少正卯这件事大有关系。后世反对孔子的人说，少正卯何罪要杀他？

大家不知道，孔子列举出来五条重大问题：

人有恶者五，而盗窃不与焉：一曰心达而险，二曰行辟而坚，三曰言伪而辩，四曰记丑而博，五曰顺非而泽。此五者，有一于人，则不得免于君子之诛，而少正卯兼有之。故居处足以聚徒成群，言谈足以饰邪营众，强足以反是独立，此小人之杰雄也，不可不诛也。是以汤诛尹谐，文王诛潘止，周公诛管叔，太公诛华仕，管仲诛付里乙，子产诛邓析、史付，此七子者，皆异世同心，不可不诛也。《诗》曰：忧心悄悄，愠于群小。小人成群，斯足忧也！

这一段在《荀子·宥坐》中的文字，意思是讲，一个人通达世故却用心险恶，心性怪癖而又固执己见，言论谬误而善于诡辩，广为收集和善记别人的丑恶隐秘之事，包藏错误并混淆视听，这五大罪过，少正卯兼有，故诛之。

孔子原来有三千弟子，而少正卯一出来，这三千弟子几乎有一半都被他的谬论迷惑了。在当时而言，少正卯影响力之大，是不得了的，但又不是杨朱、墨子一流。固然，孔子杀少正卯，成为历史疑案，但我们相信孔子的人格，他是无私心的。在当时，孔子认为自己可以有所作为，有出来从政的价值，所以做了司寇，掌管立法与司法，后来眼看良好的风气建立不起来，只得离开父母之邦，去周游列国。

孔子出国以后，在卫国住得最久，等于是第二故乡，卫灵公对他也蛮恭敬。卫灵公的大臣们对孔子也很好，像卫国的贤人蘧伯玉，都是孔子的好朋友，所以孔子在卫国很受欢迎，在人际关系上也处理得很好。他并没有出来做官，而是从旁协助。卫灵公之后的卫孝公对他也很好，给他养老，孔子晚年也喜欢在卫国居住，所以是"公养之仕"。卫孝公就不像卫灵公那样了，对孔子虽然恭敬，但是属于例行恭敬，没有特别之处；而孔子也不希望他有特别恭敬之处。孔子帮忙了卫国许多年，年老了该接受的公养就接受了。

这三点，是孔子一生对于立身处世的道德标准，合理该接受的就接受，不合理的则一毛钱也不要。在礼制、道理上适合的，是恭敬；不适合的，有附带条件的，就是不恭敬，不要。这就是人生的行为哲学，行为的价值，也是尊重自己。孟子与万章的这段对话，充分说明了这个道理。从反面看也很有趣，万章一步一步想诱请孟子这位老师出山从政，万章这样努力，是否受人之托？是否热心于救世、救时代？不知道。

（选自《孟子与万章》）

可以出卖劳力，但不能出卖节操

孟子曰："仕非为贫也，而有时乎为贫；娶妻非为养也，而有时乎为养。为贫者，辞尊居卑，辞富居贫。辞尊居卑，辞富居贫，恶乎宜乎？抱关击柝。孔子尝为委吏矣，曰：'会计当而已矣。'尝为乘田矣，曰：'牛羊茁壮长而已矣。'位卑而言高，罪也；立乎人之本朝，而道不行，耻也。"

——《孟子·万章下》

"仕非为贫也"这句话非常好，推翻了宋儒以来历代注解"不孝有三"中的"家贫不仕"（家中贫穷不出来做官）。孟子说，绝对不会因为没饭吃而出来做官，这是中国文化士大夫的精神，一个知识分子穷得没饭吃，可以出卖劳力赚饭吃，但不能随便出山。

他说：不过，有时候可以将就一下。所谓有时候，是非常灵活的，上面所说孔子"有见行可之仕""有际可之仕""有公养之仕"就是"有时候"。也就是说，在时间、空间，对人、对事、对社会、人类能有贡献的话，就属于"有时候"的条件，但仍然绝对不变更自己的人格节操。

孟子又说：娶妻也不是专门为了生养儿子，但有时候不免有这样一点观念。一个知识分子，有时候为了生活出来做事，那不是为了求高位，如果生活过得去，则辞掉尊贵的位置，宁可"居卑"。在四川成都，这座多年前号称"小北京"的名城，看到有些古老大宅，门口有个门房，整日叼一根旱烟袋，坐在高椅上，遇到访客敲门，他在里面漫问："你找谁呀？""你贵姓呀？""来过没有？"透过他的盘问才放行。权力既大，工作又轻松，不愁吃，不愁穿，不愁住，其他用人还要巴结他，见面尊称一声"二伯""四叔"。我曾经想，能做个这样的门房也很不错，现在看到一些大厦管理员也是这样的，比从前更舒服，可惜我坐不到这个位置。这就是后面说的"抱关击柝"——看门的人。过去访客们对看门的还要送一个红包，谢谢他的通报，可见他的权力。

孟子说，假如只是为了生活，并不求高位，也不要钱，宁可居下位，得温饱，看看门，管电梯，干什么都可以，多舒服，多简单啊！

孟子说：孔子在年幼贫穷时，什么都干过，做过会计，管账管钱，一毛不欠不赔；当过地政事务的小职员，畜牧场的管理员，为人看管牛羊，因为做事努力，对事恭敬，所以牛也肥了，羊也壮了。孔子在年轻穷苦时干过很多低位的事，因而经验老到，深知民间疾苦和基层的利弊。另如汉代的陈平、萧何等人，他们的政治见解、智慧也都是从人生的经验中得来的。

下面两句话要特别注意。第一句，"位卑而言高，罪也"，常听到许多年轻人讨论天下国家大事，令人厌烦。年纪轻，经历过多少事啊？不知天高地厚，就是"位卑而言高"。甚至连"位"都没有，居然在那里讨论天下国家大事，如果把责任交给他们，不出三天就会出大事，所以这真是一种罪过。

其次，"立乎人之本朝，而道不行，耻也"，机锋结论出来了，孟子说：假如我出来，在齐国也好，在魏国也好，如果在他的政治体制中，"道不行"，改革不了，对他的国家社会没有贡献，这是知识分子的耻辱。如果出来做事，而又不能利世利人，何必站出来！如果为虚名而站出来，那是最可耻的事。

看了孟子与万章的对话问答，就知道他们两人所说的，全部都是"机锋转语"，两人都没有明讲，但都知道对方话语中隐含的意思。

万章曰："士之不托诸侯，何也？"孟子曰："不敢也。诸侯失国而后托于诸侯，礼也；士之托于诸侯，非礼也。"

万章曰："君馈之粟，则受之乎？"曰："受之。"

"受之何义也？"曰："君之于氓也，固周之。"

曰："周之则受，赐之则不受，何也？"曰："不敢也。"

曰："敢问其'不敢'，何也？"曰："抱关击柝者，皆有常职以食于上；无常职而赐于上者，以为不恭也。"

——《孟子·万章下》

这里谈"托"的问题，"托"是寄托、寄附。后世对于侨居在外地的人，习惯上称为"寓公"，尤其国王寄托在外面的，都算寄居。但是万章问，中国有"士之不托诸侯"的古礼，一个知识分子不能依赖别国的诸侯而生存，这是什么道理？

孟子说："不敢也。"中国上古文化精神，如果一个诸侯失国——国家出了问题，丢掉了——这个国家的诸侯寄住在别国，那是兄弟之邦，这个诸侯虽然失国，仍然代表自己祖宗的宗庙，还要筹划复国的，因而"托于诸侯"合于古礼。而"士"，就是一个知识分子，代表的是祖国文化的精神，如果依赖于别国的诸侯，是不合礼的，所以不可以，一定要自己求生存。

万章又问："君馈之粟，则受之乎？"这句话很含糊，没有说明受者是"士"还是失国的诸侯，只是说当上面的国君赠送谷米时，接受不接受？

孟子说：这种馈赠，可以接受。

万章又问：士之托于诸侯，尚且非礼；而今可以接受国家的馈赠，这又是什么道理？

孟子说：这是不同的两件事。一个国家的领导人见到下面任何一个老百姓有痛苦、有困难，一定要救济，在现代说来是社会福利救济，要照顾国境内的每一个人，所以国君给的都要接受。这就像一个家庭中，给儿孙们的，都要接受，因为长辈对晚辈有照顾的责任。尤其一国领袖，对全国老百姓都要照顾；在一个机构中，负责人同样要照顾到全机构的每一个同人。

万章说：可以接受国君的救济，却不能接受国君的赏赐，这又是什么道理？这种情形，今日看来，也觉得莫名其妙。其实中国古礼的逻辑是非常严谨的，这也是生活的规范。以现代的情形来做譬喻，比如某个国家政府的人来到中国，我们救济他，他可以接受；可如果我们最高当局对他表示特别的"赏赐"，依照我国的古礼，他是不敢接受的。

万章说：我斗胆再请问老师，他为什么不敢接受？

孟子说：任何一个人都应该有自己谋生的技能，古今都是如此。孔子与孟子为了生活，什么职业都做。但是若要他出来当宰相做官，这是社会、国家、天下事，关系到人类祸福的事，他可要慎重考虑了。因为这是截然不同的两回事，所以要以两种方法来处理。但后世的人常将事业与职业混为一谈，有的官做得大、地位高的，不一定在做事业；有的人没有做官，在政治上没有地位，但他是在为社会、为国家、为天下、为人类，乃至为未来千秋万代建立不朽的事业。他的职业可能只是挑葱卖蒜的小民，因为这与他的事业、人格并无关系。所以给人看门、守夜、做清洁工的，都是谋生的正当职业。如果没有正当的谋生职业，只依赖上面的赏赐，则不可。

同样的道理，假如无职业，而靠政府的赏赐或他人的救济过日子，就是"不恭"，是对自己不恭敬，对人生的观念搞不清楚。人有头脑，有身体四肢，应该尽力靠自己活下去，不可以完全依赖别人生活。

（选自《孟子与万章》）

学会分辨他人的尊敬与侮辱

曰："君馈之，则受之；不识可常继乎？"

曰："缪公之于子思也，亟问，亟馈鼎肉，子思不悦；于卒也，摽使者出诸大门之外，北面稽首，再拜而不受，曰：'今而后，知君之犬马畜伋！'盖自是，台无馈也。悦贤不能举，又不能养也，可谓悦贤乎？"

曰："敢问国君欲养君子，如何斯可谓养矣？"

曰："以君命将之，再拜稽首而受；其后廪人继粟，庖人继肉，不以君命将之。子思以为鼎肉，使己仆仆尔亟拜也，非养君子之道也。尧之于舜也，使其子九男事之，二女女焉，百官牛羊食廪备，以养舜于畎亩之中，后举而加诸上位，故曰：王公之尊贤者也。"

——《孟子·万章下》

孟子和万章还在继续辩论这个问题。万章说：上面如果有馈送，就接受下来，这样经常的接受可不可以呢？实际上这种辩论，万章是针对老师说的话，希望孟子接受别国君主的帮助，为什么不要呢？

孟子举出鲁国末代君主缪公为例，对于孔子的孙子子思的事加以说明。缪公经常派人问候子思，也常送些好吃的东西给他。子思最初收到这些东西，基于礼貌而接受，后来就不敢再接受了，但是他对国君还是不失礼貌，依照对君主、尊长、祖先、父母的古礼，朝着北方遥遥磕头再拜，表示谢意。子思说：现在才知道，我的国君常常这样派人来问候，又常送东西来，并不是尊敬我，只是在养我罢了。他告诉送东西的人，回去报告缪公，以后不要再送东西来了，所以从此国君就没有再用这种方式送东西了。

孟子说：这件事的道理在于，鲁缪公如果认为子思是贤人，欣赏子思，为什么不交事给子思做？或者把子思当作一般平民亦无不可，为什么对子思在外表上如此有礼，好东西不断送来，但既不见面，也不向子思请教？这就不是"悦贤"之礼了。

从这个史实就知，古代中国文化在士的行为上，首先应该建立自己的人格，也就是说，一个读书人要有良好的人品，生活固然重要，但丧失人品、气节的生活是不能接受的。又所谓"尊者赐，不敢辞"，像子思的情形并不适用，因为子思不是鲁缪公的臣子。

如大家所熟知，孟尝君门下有三千客，他所谓好客、养士，实质上是以"犬马畜之"，有钱的人没事做，找些人来玩、谈话。清朝这类被养的人被称为"清客"或"门客"，他们尚清谈，做事则懒洋洋的。这类清客、门客，历代都有，现在也有些老板，尤其是小开（小老板）之类，专门有一群人陪着去喝咖啡、逛夜总会、上舞厅，可算是现代清客。古代的养士之风，致使知识分子往往成为人家座上的清客，因为在清谈的时候，需要他来调剂情调。

《史记》中写了司马相如与卓文君的恋爱故事。当时像司马相如这样文学好的人不少，汉武帝都给他们官做，但司马迁在结论里说了一句"以优伶畜之"，将历代皇帝都说尽了。像李白那么好的学问，在唐明皇心目中不也是"以优伶畜之"吗？

这一思想的启发，在孟子之前，子思就已经说过："今而后，知君之犬马畜伋！"你鲁缪公心目中不过把我（伋）当宠物一样看待，养着玩玩的。如同现代人养什么北京狗、贵宾狗、腊肠狗似的，物质待遇很高，但没有真正的礼貌与恭敬心。

万章一听孟老夫子这样答复，把话说到正题上了，也越说越明了，于是就问：假使一个国君"欲养君子"，要怎样才算合礼呢？

这回"养"字应该做"供养"解释。"供养"是下养上，恭敬地养，是合礼的。上对下的养是培养、抚养，那就不必太讲究礼貌。如果既不是供养，又不是培养或抚养，那就属于很难听的"畜养"，就像家里养一只哈巴狗一样。

孟子说：以子思这件事来说，第一次君王赏识他，对他恭敬，以师礼待他，因为鲁缪公是国君，子思不能失礼，所以再拜以后接受。这样一来，后面跟着送东西的人可多了，以现代官制来比喻，就是英国的首相，美国的国务卿，以及各院部会首长，听说女王或总统给某人送了东西，大家都纷纷跟着送。如此一来，子思对于这些人，虽不下跪，至少要作揖，于是天天站在门口，迎迎送送，打躬作揖都来不及，这简直是侮辱人。

一个人处世要有一定的分寸，多一分不可，少一分也不可，也就是一般人说的规矩、人格、风范。换言之，做人做事，要有一定的范围标准，同样一件事在不同的时间、空间，对不同的人物，处理的方式也是不相同的。孟子说到这里，也等于批驳了万章，并且坚持自己的文化精神，绝对不可以马虎。

所以说，真正的养士，要像上古时尧之对于舜那样，那才是培养继承人的实际做法。今日凡是为人长上的，老师也好，校长也好，大主管也好，乃至于家长，都要注意尧当时培养舜的道理。

孟子说，尧把九个儿子都交给舜指挥，跟着舜做事，并将两个女儿，不分大小，一起嫁给他，不但为他解决生活问题，还选拔了许多干部听他指挥，管理各种事务。当时是在大禹治水之前，遍地洪水，农业还没有奠定基础，仍是半农半牧的农牧时代，牛羊畜类为重要的生活资源，所以尧给舜安排的牛羊、仓廪等等，一切重要的生产资源、经济设施都完备。换言之，给他房子、车子，也有家室，有干部，有生活资粮，有生产设备，一切都准备好了。而这时舜的身份，既不是政府顾问，也不是参议，更不是师长，只是个普通老百姓，尧只是委托他为额外的私人助理，处理一些事情而已。

尧这样对舜，就是培养历练，使他增加经验。等他处理政治的经验够了，就提拔他，给他高位和权力。后来一步一步，给他二三十年时间累积经验，一直到尧一百多岁时，自己精力实在不够了，才把帝位让给他。所以孟子结论说，"王公之尊贤者也"，为国家培养人才，以国家养士之道来说，有地位的人是应该这样尊重道德、人品、学问好的知识分子。

现代的知识分子又算什么呢？只要报上登一个小广告，征求人才，随便一个小职位，也许只是一个抄写的工作，应征的常有百把人，说不定大学毕业生有一半。在一个失业者来说，抱了满怀希望，拉长了颈子等待，结果只有一人入选，而百多人又堕入失望的深渊。甚至有的征才单位，连回音也没有，让人长期处在等待的痛苦之中。由此看来，今日的知识分子是多么悲哀。

所以现代教育的确要注重职业教育，因为一般大学教育出来的学生，毕业后连谋生的技能都没有，吹牛的本事却很大。今日的青年应该知道，时代不同了，职业重于一切，去解决自己生活的问题，必须自己先站得起来，能够独立谋生。学问与职业是两回事，不管从事任何职业，都可以做自己的学问，不然，大学毕业以后"眼高于顶，命薄如纸"八个字，就注定了命运。自认为是大学毕业生，什么事都看不上眼，命运还不如乞丐；没有谋生的技能，就如此眼高手低，那是很糟的，时代已经不允许这样了。

（选自《孟子与万章》）

用生命守护道义、理想和人格

万章曰："敢问不见诸侯，何义也？"

孟子曰："在国曰市井之臣，在野曰草莽之臣，皆谓庶人。庶人不传质为臣，不敢见于诸侯，礼也。"

——《孟子·万章下》

孟子和万章的辩论一直没完，还在继续，而且万章的问题越来越直接明显。他问：老师，你周游列国，到每一个国家，都不去拜访国君，这又是什么意思？

孟子说：一个人寄居在别国，只是一个普通市民，并且没有官位、职务，等于散居在田野草莽之中的人。虽然国籍不同，总是居留在这个国家中的一个居民，不能够俨然像这个国家的高级干部一样去见国君。换言之，没有去见国君的身份，也就没有这个责任和义务，更没有这个必要，所以不去见他们的国君，这是古礼，并没有错。

万章曰："庶人，召之役，则往役；君欲见之，召之，则不往见之；何也？"

曰："往役，义也；往见，不义也。且君之欲见之也，何为也哉？"曰："为其多闻也，为其贤也。"

曰："为其多闻也，则天子不召师，而况诸侯乎？为其贤也，则吾未闻欲见贤而召之也。缪公亟见于子思曰：'古千乘之国以友士，何如？'子思不悦，曰：'古之人有言：曰事之云乎，岂曰友之云乎？'子思之不悦也，岂不曰：'以位，则子，君也；我，臣也，何敢与君友也？以德，则子事我者也，奚可以与我友？'千乘之君求与之友，而不可得也，而况可召与？"

——《孟子·万章下》

万章说：那么好了，你自己说的，居住在那里，算是那里的一个市民，国家有命令要你服役，或做某一件事，必须听命令。现在国君要召见你，派人叫你去见面，而你借口生病等原因而不去，这又是为了什么呢？

孟子说：在客居的国家，虽然国籍不同，但为社会服务是应该的，至于国君一召见，就应召前去，好像为了谋图一官半职似的，这是不合理的，所以不可以去。再说，你们的国君又是为了什么要召见我呢？

万章说：可能是知道老师你学问渊博，多闻广见，为了向你请教；也可能是为了老师你道德高尚，有所心仪，想跟你见见面。

孟子说：假如是为了我学问渊博，有事想要问我，那是向我请教，按照中国古礼，就算是天子也不能下命令召见老师，这是传统文化的师道尊严；更何况你们齐国的国君只是一个诸侯，假如他认为我有道德，也不可以下令召见，从来没有听说曾有国君下命令去召一个贤者的。

接着他又举出历史上的事例来说明，就是鲁国缪公与子思的故事。

春秋战国时代的诸侯们，都是讲权力和威势的，对人所持的态度都是"老子我的威权大"，以气势凌人。不过，孔孟始终维持着知识分子的气节与道德，并且建立人格的教育。鲁缪公想见子思，也是用召见的姿态，所以子思不去见。

鲁缪公派人来试探性地询问：古代千乘之国（约等于现在一省大小的诸侯）想和一个有学问、有道德的知识分子做朋友，在上古礼制上是怎样说的？子思很不高兴地说：古人只说过，有一件事要请一个知识分子去做，把权力交给他，给他一个职位，哪里有说做朋友的？

子思的不高兴是有理由的，他那样引用古人的话做答复，就等于说：如果以地位来说，是位置不适当，你鲁缪公是一国之君，我只是普通老百姓，是臣民，当然不敢和你做朋友，应该守你的政令，听你的管束；如果你认为我有品德，学问好，想和我交往，那对不起，你虽然是国君，想跟我学习，那我是老师，你又怎么可以说要与我做朋友呢？

于是孟子说：这样看起来，一个千乘之国的国君，想和子思做朋友都不行，更何况是召唤他呢？

他举出子思这一段史实来答复万章"召之，则不往见之，何也"的问题，也等于对万章说，你们国君想召见我，他算老几？我又是老几？他像叫唤家里的狗一样——"来福！过来！"我就会去吗？这是不可以的。

孟子又继续举出齐景公的史例作答。齐景公在春秋时代还算一位好诸侯，手下有许多好助手，比如名宰相晏婴。

"齐景公田，招虞人以旌，不至，将杀之。'志士不忘在沟壑，勇士不忘丧其元。'孔子奚取焉？取非其招不往也。"

曰："敢问招虞人何以？"

曰："以皮冠。庶人以旃，士以旂，大夫以旌。以大夫之招招虞人，虞人死不敢往；以士之招招庶人，庶人岂敢往哉？况乎以不贤人之招招贤人乎！欲见贤人而不以其道，犹欲其入而闭之门也。夫义，路也；礼，门也；惟君子能由是路，出入是门也。《诗》云：'周道如砥，其直如矢；君之所履，小人所视。'"

万章曰："孔子，君命召，不俟驾而行；然则孔子非与？"

曰："孔子当仕有官职，而以其官召之也。"

——《孟子·万章下》

在这段书里，"志士不忘在沟壑，勇士不忘丧其元"两句话是千古名言，后世中国人（知识分子）的精神标杆，大家千万要记住。

孟子说：齐景公准备打猎，出发前下命令召见"虞人"，就是负责照管园林野生动植物的人，可是他用的号令是召唤大夫的"旌"，所以这个园长不听命令，没有来。齐景公生气了，要把园长杀掉，可是晏婴在旁边说话了，不可以杀，因为没有理由。古代大臣遇到意见不同时，常常当面与帝王争论。晏子说：你是用什么信符去召唤他的？齐景公说：以"旌"呀！晏子说：你要打仗吗？为什么用召三军统帅的信符去命令他？召唤园长是用羊皮帽做信符的呀！齐景公知道自己用错了信符，立刻改用皮帽子，那个园主一看到就来了。可见古人对于礼的重视，礼就是国家社会的制度，是不允许破坏的，上自国君下至百姓，都要共同遵守，也等于后世法治时代所谓的"不成文法"。

转回来说，那个被齐景公以"旌"呼召的虞人，并非不知道不接受命令极可能被杀，但为了坚守礼制，纠正国君的错误，使国君成为名王，情愿冒生命危险，自己并无私心。因此孟子说：中国的知识分子，当他有志于国家天下，救世救人时，那么他做人做事，随时要准备穷死、饿死、困难死，也就是为文化、为学问、为理想而死。

一个知识分子，如果不准备寂寞穷困一生，而想建立文化的精神与人格，的确非常困难。因为许多人见到富贵，人格就动摇了；但是一个勇敢的人或侠义之士，喜欢打抱不平，喜欢仗义的人，却准备随时"丧其元"——丢了脑袋。

万章又问：上古时候国君呼召虞人，真正的礼制应该用什么做信符？

孟子说：用"皮冠"。上古帝王打猎时，换戴另一种帽子。中国古人戴的帽子，等于现代军人的阶级，以不同质料与形状的帽子表明身份地位。帝王打猎时换戴皮冠，所以召虞人用皮冠，召庶人用"旃"，召士用"旂"，召大夫用"旌"。"旃""旂""旌"都是古代旗帜一类的标志，而形状与质料有所不同。孟子对于上古制度，好像一部活辞典似的，一一答复出来，可见他满腹学问，而且不是普通的学问，而是实用的学问。如果一个国家请他办事，他立即可以将制度规章建立起来，根本不必多加考虑。古时候士大夫的学问，这些都是重要部分。

孟子说：齐景公以对大夫这么高级干部的礼仪，对待一个虞人，所以这个虞人宁死也不从命，是对的。同样道理，以召士的标志召老百姓，老百姓也不敢随便接受。况且你们现在的国君，下达一个命令要我去看他，随便叫一声我就要去吗？对不起，我不会去的。因为一个国君想见一位贤人，召见的方法不合规矩，不合礼仪，不守制度，等于一方面请我去，一方面自己又把门关了起来。

他又说：义，合乎道理是道路，而礼仪是大门，只有君子走这条大路，进出这个大门。《诗经》记载：周朝文化鼎盛的时候，不论政治制度、文化精神，在文王、武王建国时，像宽阔、平坦、坚固的大道一样，而且像射出去的箭一样，是笔直的，不转弯的。君子所走的路就是这样的坦直大道，小人则仰望着去效法。

万章这个学生很厉害，当孟子说到这里，又发问了。他抬出了孟子最佩服的孔子，指出《论语》记载孔子生活行为的《乡党》篇中的一件事：鲁国国君下命令召孔子，孔子不等车子准备好，立刻就跑路赶去了，依老师你的说法，孔子也不合礼制了？

孟子说：你又错了，孔子是鲁国的司寇，他有官职在身，所以"君命召，不俟驾而行"，他并不是普通老百姓，身负责任，所以非去不可。

孟子谓万章曰："一乡之善士，斯友一乡之善士；一国之善士，斯友一国之善士；天下之善士，斯友天下之善士。以友天下之善士为未足，又尚论古之人。颂其诗，读其书，不知其人，可乎？是以论其世也。是尚友也。"

——《孟子·万章下》

孟子最后告诉万章说：人交朋友一定是意气相投，看到对方，也知道对方交的是什么朋友；看到对方交什么朋友，也可以知道对方是何等样人。一乡的善士，他的朋友也是一乡的善士；一国的善士，他的朋友也是一国的善士；天下的善士，也一定去和天下的善士交朋友，范围慢慢扩大。但是一个真正的君子，胸罗万象，尤其是一个好国君，纵然与天下善士交朋友，还是不能满足求贤、求善、求好的欲望，于是又与古人论交，那就是读古书。

我常劝青年多读古书，不要以为自己学问够了，所谓"活到老，学到老"，学问经验永远不会够的。古人著书立说，累积了多年成功与失败的经验，穷毕生精力，到晚年出书，流传下来，我们如果不读古书，那才真是愚蠢，因为有便宜不知道捡。读了古书，就是历史的经验，是吸取古人付出辛酸血泪的数千年经验，供自己运用，所以何必自己去碰钉子，流血流汗，茹苦含辛再领悟出同样的经验呢？或者说，只是读他的书，而又看不见他的人，可以和他交上朋友吗？当然可以呀！我们由古书就看到他的时代背景了。例如读唐诗，就知道唐代之所以成其为唐代，那种淳厚、朴素、气魄，那是伟大，的确了不起。杜甫和李白的诗是好，而在文字技巧上看来，似乎不如现代的诗；但现代诗作就没有唐诗的风格与气势，尽管堆砌，也没有唐诗的那种精神与气魄。

看古董也是如此，一个几千年前的陶器，看起来似乎非常粗拙，远不如现代的陶器那么精致美丽。但现代陶器的精美，一眼看过去，就尽在这一眼之中，不耐久看；而一个古陶器放在面前，它的粗拙中，就越看越有意思，有气势，有韵味，有一种盎然的、深远的精神。

诗到了宋朝，如"云淡风轻近午天"，也的确是好诗，但只那么轻轻淡淡的，没有唐诗那一种浓郁情怀。后世下来，明诗、清诗更加不同了。文学如此，文化也如此，试看历代人物、气度、政治的制度，一看就知道，一代有一代的味道。过去历代都有不同，也是循历史的痕迹，渐渐变易而来的，所以从历史渐变的轨迹中，也就可以看到未来发展的方向，这就是"尚论古之人"，与古人交朋友的道理。

清代中兴名臣左宗棠，在未得志前，连吃饭也成问题，但他的书房就有一副对联："身无半亩，心忧天下；读破万卷，神交古人。"这种胸襟，这种抱负，是年轻人应该效法的，这就是"尚友"，也是与古人交朋友的意思。

下面是《孟子·万章》篇的结论了。

孟子也和庄子一样的幽默，在《离娄》上下篇的总结论中，叙述了齐人一妻一妾乞讨祭余的故事，讽刺当时一些为权势利禄奔走，而不顾立身出处的人。这里《万章》最后的结论，他说自己的一段经历，表明他不出来就是不出来的态度，也是非常幽默而生动：

齐宣王问卿。孟子曰："王何卿之问也？"

王曰："卿不同乎？"

曰："不同。有贵戚之卿，有异姓之卿。"

王曰："请问贵戚之卿？"

曰："君有大过则谏；反复之而不听，则易位。"

王勃然变乎色。曰："王勿异也。王问臣，臣不敢不以正对。"

王色定，然后请问"异姓之卿"。曰："君有过则谏；反复之而不听，则去。"

齐宣王有一天问孟子，关于"卿"这一官位的态度，应该怎样才合礼义？

卿是古代的官位，可以代表最高顾问，也可以代表国家最高行政首长，如美国国务卿。"国务卿"这个名词并不是我国的译文，最早翻译的是日本。有许多西方文字的名词，例如哲学、经济学等，都是由日本翻译过来的，因为日本越古的文字，越多是我国的汉字，所以我们中国人就随便捡过来用，成了二手货。

齐宣王这句话问得非常严重，因为孟子曾经做过齐宣王的客卿。由于孟子是邹鲁人，不是齐国人，所以不是正式担任卿的位置。如果齐宣王正式用他为卿，他就变成齐国人了。他这一问，等于和孟子开玩笑。

孟子反问他说：请问大王，您所谓卿是问哪种卿？齐宣王被他这一句反击过来，吓了一跳，孟子本来是渊博的，所以宣王心里有点虚，便问孟子：卿，还有什么差别吗？

孟子说：有大大的不同，有一种是"贵戚之卿"，是由国君的同宗亲族来担任的，如殷商的箕子、比干，周的周公。另有一种是不同姓的卿。

于是齐宣王问：就贵戚之卿而论，该当如何？

孟子说：如果国君有了大过错，贵戚之卿就要拼命劝阻，经过一再劝阻，这个国君仍不听的话，就是国君的不对了，那么就对不起，请这位国君下来，换个位置，由别人上来。

齐宣王一听这样的话，脸色都变了，也许发青了，当然，孟子气定神闲，坐在那里稳稳不动。齐宣王到底是一国之君，有他的修养气度，片刻过后，发觉自己神色不对，未免失态、失礼，现代说有失风度，所以态度又平和一点。

孟子却轻松地说：大王，你不要以为奇怪，你既然问起这个问题，我可不能和你说歪理，我是说的直话、正话。

孟子这样一说，齐宣王的神色完全变回正常了，然后又问"异姓之卿"该如何？

孟子说：异姓之卿对于国君有过错，也是拼命劝告，如再不接受，对不起！下台一鞠躬，我要回家了。

这结论多妙！

所以读古书，要接连着读，就可以读出它的真正含义与精神所在了。如果依照宋儒这些古人所圈断的、割裂地去读，那就不是《孟子》，而是"蒙子"，越读脑子越懵懂了。

（选自《孟子与万章》）

第六章

读书有什么用？

修身就是修正孩子的思想和心理

中国的文化与教育在上古夏、商、周三代，其学制有"夏曰校，殷曰序，周曰庠"的名称。但须知这三个学制的名称，并非我们现代政府的教育官制，它们只是代表聚集士子的教育中心而已，并兼有习射、养老的用途，没有像现在一样设立专办教育的经费，亦没有专管教育的学官。因为在上古夏、商、周三代，做帝王的，做诸侯的，做官的士大夫们，都有身兼"作之君，作之师，作之亲"的任务标榜，此即古人所谓"为官即是为民父母而兼师保"的内涵。

至于生员的来源，大家首先不要忘记我们上古的社会是以农业为根本，以宗法（族姓）社会为中心。所谓受学的生员，是由农业社会的宗族中，从十人选一为士，学习文事、文功的法制，所谓保国家而卫社稷，便称为"士"；再由士而优而选拔为从政的大夫，便称为"仕"，因此可仕者便出仕为官。"大夫"是上古时代官职的总称，故有上大夫、中大夫、下大夫的级别。至于一般老百姓，统称庶人，要不要受教育，有没有读书，是各听自由，并非必须接受教育不可。

这种教育的风气和制度，直到周朝分封诸侯而建国，实行井田制度，建立了农业社会基础，仍是如此。周朝中叶以后，尤其从春秋时代开始，民风渐变，井田公有制度也渐形衰敝，从士而仕的社会风气渐变，师道的尊严也渐形独立，于是便有民间自由讲学、私人传道授业的形式产生，其中影响最大的人物，就是被称为万世师表的孔子。事实上，春秋战国百家之学的诸子，都是来自民间社会私人讲学所产生的自由分子，也即古书上所推崇的特立独行之士，并且大多是"苟全性命于乱世，不求闻达于诸侯"。

春秋战国这三四百年，在我们历史上称作乱世，姑且不谈历史的统一观点，更不论政权的一统，单从社会文化教育自然发展来说，在这三四百年中各种各类的学术人才，值得我们师法者实在太多。但人才都不是公家教育所培养的，他们都是来自民间，是私人自学而成的，这岂不是历史上的一大奇迹！自孔子"删诗书，定礼乐"以后，我们从他所修订的"六经"和他的遗著中，仰窥三代，俯瞰现在，综罗上下两千多年来教育之目的和精神，一言以蔽之，纯粹为注重人格养成的教育。《礼记》中的《大学》《中庸》《儒行》等，虽然敷陈衍义，但自东周以来，仍然不外如《大学》所言："自天子以至于庶人，壹是皆以修身为本。"所谓"修身"，用现代语来说，便是人格教育。而人格教育势必先从心理和思想的基本修正着手，因此《大学》便有"格物、致知、诚意、正心"等一系列程序的述说。

从这个观念反观"六经"，归纳它们的主旨，便可强调地说，《尚书》的精神是后世中国政治哲学和政治人格教育的典范。由此再配合孔子所著《春秋》的精神，便成为是非、得失、进退、举措等有关历史哲学与政治人格、政治行为的成败事例。

《易经》的精神，从科学（中国古代的科学观念）的观察而进入哲学的精微，纯粹是洁净心理、升华思想的文化教育。由此再配合孔子手编的《诗经》与《乐记》（因《乐经》已失，故只以《乐记》来说），便成为适用于一般人陶冶性情、调剂身心的教育。《礼经》所包括的《三礼》（《礼记》《周礼》《仪礼》）的精神，则是汇集中国上古传统文化的大成，包含教育、政治、经济、军事、社会、文学、艺术、人生等思想的体系。强调地说，它是后世人格教育的典范。

但是这些观念，是从两汉以迄近代的儒家传统思想而立论，在春秋战国这数百年间，"六经"并未受到重视。那时因为学术思想勃兴，各诸侯国称王称霸又需起用有学术思想的人才，因此造成六国"养士"储备人才的风气，"智力勇辩"之士竞相以纵横捭阖、兵谋、杂说、阴阳等学术取悦人主，而自求爵禄功名荣显于当世，并以此为天经地义的要务。少数宗奉孔子汇集的经书思想者，只有鲁、卫之间的儒生们，如曾子、子思、孟子等人。但是他们仍然需要依附于人君的喜悦而得其苟安的生活，否则依然不能荣显当世而畅怀于当时，因此凄凉寂寞一生，自所难免。

秦朝推翻封建，废诸侯，建郡县，统一天下所用的将相官吏，上自丞相李斯，下至被坑杀的博士们，也都是由民间自学成才的人士出任。但也不要忘记，在我们历史上最初所置的博士之官，是从战国末期开始的。齐、魏等国都设有博士官，使学识渊博者任之，做参政顾问。因之，秦统一天下后，继续设立博士官。后来汉武帝建立"五经博士"的官称，并非他新创，只是因袭秦制。

汉统一天下后，国家安定，政治上了轨道，养士的风气没有了，但是有思想、有学识的人，并不因政治社会的安定便没有了，因此到了汉武帝时代，终于开创出了中国特有的选举制度，为国家用人取士。汉代的选举（后世亦称为"察举""荐举"）并非西方文化以及现代美国式的选举，它是以人品道德行为配合学术修养做标准，所谓"诏举贤良方正，能直言极谏者"为目标，其初肇始于汉高祖时期，再次成形于汉文帝，定制于汉武帝。

这一套选举制度的确是法良意美，但是世界上一切良法美政,实行久了,流弊就出来了,所谓"法久弊深""法严弊深"都是中外千古不易的名言。到了汉末,便有世家门第把持选举,徇私荐贤,成为知识分子掀起社会乱源的重要原因,但这都是后话。现在我们要知道,两汉三四百年来的人才,皆非政府出资培养而成。在官制上,汉武帝开始设有"太学",设"五经博士"为教师。但如周代的"辟雍""頖宫",汉代的"太学",只是教育贵族子弟的机构而已。真正两汉的人才,大家比较熟知的,如董仲舒、公孙弘等辈,也都是来自民间,从社会中自学成才而选拔为国用。

(选自《新旧教育的变与惑》《二十一世纪的前言后语》)

读书是为了做官还是为了赚钱？

汉初，在秦代焚书坑儒、打击知识分子之后，遗民故老继起，以平生记忆背诵所学，重新口诵授徒，因此后世得以流传儒家十三经以及诸子百家等书。但因只靠记忆背诵口授遗文，难免有错，因此汉儒汉学兴起，以注重考注文字与解释言文的考证（亦称考据）为主，形成两汉学术特别注重小学（说文）、训诂（释义）的特征。

汉代重视儒术，尊崇孔子，事实上是从汉武帝欣赏司马相如的文章辞赋、重视董仲舒的儒学思想（董学并非纯粹地承接孔孟之学）、信任公孙弘的形似儒家之学开始的。于是才有西汉的重儒尊孔，由此再演绎渐变，就形成东汉儒家"经学"思想的大成。汉儒之学，上面顶着孔子的帽子，内在借题发挥，糅集道、墨、阴阳诸家之所长，外饰儒家为标榜，从此曲学阿世，大得其势，后世历经魏、晋、南北朝、唐、宋、元、明、清，中间屡有变质，虽然或有以"词章、义理、记闻"等为儒林学者的内涵，以"君道、师道、臣道"为儒家学问的本质，但不管如何说法，总之必须以功名爵禄、入仕用世为目的。孟子说过："不孝有三，无后为大。"其余两种不孝之一，据汉儒赵岐的注解，便是"家贫亲老，不为禄仕"。换言之，读书除了做官以外，就不能谋生，既不能谋生养亲，当然就罪莫大焉。这与现在"教育即生活"，生活以赚大钱为最有出息的新观念，除了形式与方法有不同以外，它的本质究竟又有什么两样？

　　到了东汉末期，汉学与汉儒所形成的学术尊严与权威，已经迥然与社会政治遥相脱节。如孔融、郑康成、卢植等儒者，皆名重一时，但多无补于世变时艰。如仔细研究汉末及三国蜀、魏、吴史迹，就可知当时特别注重文学与谋略的曹操，在建安时期六七年间（西元[1]二一〇年至二一七年），完全不顾人品道德贤良方正之说，曾经三次颁布"唯才是举"的明朗爽快而极尽讽刺迂儒古板的妙文，因此而开启建安七子的一代文学风气，促使魏、晋阶段青年贵族子弟开放思想，便有王弼注《老子》、郭象注《庄子》的玄学思潮等涌出。从此在我们的历史上，就有三百多年魏晋南北朝分崩离析的局面出现。

　　在这一时期，南朝由东晋历宋（刘宋）、齐（萧齐）、梁

1　西元：公元。西元是旧时用法。

（萧梁）、陈、隋共计二百七十余年，社会上的教育学风统由宗法社会名门大族的学阀所把持。平民社会里即使有自学成才的人物，如果不依附于权门阀阅，始终难以出人头地。由魏晋士族权门所建立的"九品中正制"的施行，使此时在朝从政的读书士子形成"上品无寒门，下品无士族"的讥刺与无奈，即如宋、齐、梁、陈几代的皇权帝制，也不敢轻视这些权门名士。

南北朝二百余年间，北朝出现了五胡十六国的混乱局面。汉魏以来逐渐汉化了的边陲民族，为了在中原称王称帝、争权夺利，开展争霸战争，而对于中国文化，却演变出一种非常特殊的现象，因为北朝十六国的文化习惯、根源，都来自西域。那时的西域，是指今天山南北的新疆及阿富汗到伊拉克乃至印度等地区，均盛行佛教。因此，北朝十六国中，前秦的苻坚、后秦的姚兴以及北魏政权，都大量引进佛教经典，集体翻译，与中华本土的儒、道两家参合对比，等于现在我们大量引进西方文明一样热闹无比。因此隋唐之后，儒、释、道三家成为主流文化，取代了自战国以来儒、墨、道三家为主的地位。

如秦王苻坚派遣大将吕光去征服龟兹国，后秦王姚兴派兵攻打后凉，都只是为了迎接一位西域高僧鸠摩罗什东来。鲜卑拓跋族自建立北魏以来，大兴佛教，乃至僧众二百万，寺院三万余座。今所谓的云冈石窟、龙门石窟、敦煌莫高窟、麦积山石窟、洛阳永宁寺等，多在此时创始。当时所有参与翻译的僧俗，亦皆为民间自学成才之士，并非任何政权机构所培养。

总之，南北朝两三百年间中国文化的演变，可以说是继战国以来诸子百家之后第二次学术人才的汇流。只是此时的社会人才，大多数是探索追寻宗教哲学与生命的认知哲学，大抵都与现实政治相疏离，浮华有余，却与现实社会难以融洽。

（选自《新旧教育的变与惑》《二十一世纪的前言后语》）

成绩越不好的孩子越应该上名校

一个国家民族的文化根本精神，是显现在文学的基础上的。从中国文学的演变来说，由春秋战国直到两汉的文章，确有其古朴而简练的特色。流变到魏晋时代，由于曹操、曹丕父子两代文采风流的影响，加上建安七子的新文艺，直至隋唐，演变为辞藻华丽、对仗工整的以骈体文为主的学风。以至民间社会以及政府机构的实用行文，只顾音韵柔和优美，内容令人大有不知所云之感。类似现代一些注重逻辑的堆砌性文章，读后只感层层重叠，道理的言说虽多，也有不知所云的感受。观今鉴古，文化文学的演进经常会出现扭曲的疲惫，这是时代的畸形现象，实在值得深思反省。

所以，唐高祖李渊开国之初就下令，写公文要明晓通畅，不可用骈体文字。唐太宗李世民当政阶段，扩充隋朝考试选举雏形，正式确立开科取士的考试制度，民间自学成才之士自动报名参考，考取者便可为官从政。因此，李世民在一次考试之后，站在午门城楼上看着考生们，沾沾自喜，开怀大笑说："天下英雄入吾彀中矣！""他知道民间社会自学成才之士有了智识能力，如无出路，必会自谋出路，甚至不好驾驭，也许会造反；有了考试制度，可以猎获天下才子，一进入官场，便可减少因名利之心不能满足而引起的反动。"彀中"便是射箭时把弓弦拉满的整个射程目标的范畴。

由这句话看来，唐初的考试制度真是唐史上一件伟大的举措和好戏。但考试制度真能一网打尽天下的英雄吗？事实不然。唐代许多知名成功的人才，是不经考试而靠推荐保用出身的。除此之外，因唐朝受宗法族姓观念驱使，钦定老子的道教为国教，又对佛教教外别传的禅宗倍加推崇，因此而使民间社会许多自学成才的高士产生一种跳出世网的观念。所谓"禄饵可以钓天下之中才，而不可以啖尝天下之豪杰；名航可以载天下之猥士，而不可以陆沉天下之英雄"。

所以，唐代三百年间，出了许多隐士、神仙，禅宗"一花开五叶"的五个宗派中，更产生了许多大德禅师，声名煊赫，又在考试制度之外，把丛林中参禅打坐的场地取名为"选佛场"，俨然别开一格。这就是唐代文化教育别具风标的特色。

唐代在用考试开科取士之外，同时还并行推荐人才的办法，并非完全只有考试取士这一条路。例如，"文起八代之衰"的韩愈（昌黎），在未成名之前，到处写信，拜托前辈者援引推荐。另外传为千古佳话的白居易（乐天）晋身的故事，也是蜚声唐代文坛的事实。白居易在年轻未得意时，誊写了自己的作品到唐代首都长安找门路。他去见当时文学辞章负有盛名的顾况，顾况看他很年轻，便说"长安居，大不易"，因为米珠薪桂啊！柴米的价格贵得像金子，不好生活啊！你这个年轻人，住在首都找出路，能负担得了这里昂贵的生活费用吗？况且能不能有出路呢？讲完了，他翻了翻白居易的作品，看到"离离原上草，一岁一枯荣。野火烧不尽，春风吹又生"，就说：哦！你行，可以住在长安了。白居易由于前辈顾况的褒扬推荐，成为一代名宦而兼名士。

在唐宋时代，这样自学成才而经人提拔推荐的故事有不少，人贵自立的榜样很多。有志之士，千万不要被这些框框圈圈所限制，反把自己的天才埋没了。总之，千古事务，有一个永远不变的大原则，那就是"法久弊深"。唐初所建立的考试取士制度，是在勾引民间社会自学成才的有识之士为国所用，就像民间有女子长成，丽质天成而被挑选入宫。但考试不像选美，不能自幼童时一级一年考选试用。现在流行的考试，幼童入学前就要考试，入学之后有月考、年考、毕业考、留学考、职业考，一考又一考，把一个好好的脑袋一辈子放在考试上面考到死。

再说进入学校之前，以考试来决定录不录取，那学校教育民间子弟又有什么意义？更何况考试成绩好的便可入"名校"，不好的只能入差等的学校，这岂不是教育体制自暴其短的掩耳盗铃吗？教育的目标，就是要教导改变无用者，使他变成有用，使愚者变成聪明，即古人所谓使"顽夫廉，懦夫立"的道理。我们应该反省深思，不能单以一法而埋没具有聪明才智的人才。

唐宋时代的考试，主要是由主考官出一个与时事政治有关，或对照古今有关治国亲民的题目，叫考子们发挥思想和意见，这种文章叫作策论。策，有谋略、计划、办法的意义；论，就是文字言语上针对主题的发挥，并无一定规格，更无一定框架。除策论外，也考文学词章，包括毛笔书写，并非如明清后代只考八股文，切莫混为一谈。你只要多读传统古籍，就可明白，不要妄作聪明瞎说一套，八股文是明朝以后开创的考试陋习。

现在的考试则完全不同，是依照规定的教科书，或加主考者的自我解释，先定标准，再出题问答，对和错是固定的，没有你自己的思想和发挥。这用之于自然科学是比较准确的，但以此而概括人文通才学科就很不合理。总之，现在学校的考试方式，主要在于猜题，不管什么叫学问与学识，只要会猜题就对了。而且猜题有时还如猜谜一样，靠运气。清人有怨讽八股取士的话说："销磨天下英雄气，八股文章台阁书。"所谓台阁书是指考试规定要用公文上的小正楷，不是什么大书法家的书法，现在的考试就是"销磨天下英雄气，意识框中猜对题"，岂不可叹而又可笑？

我曾碰到一个学生，学问并无长处，但自小学读到外国留学拿了博士回来。我笑问她："你为什么那么厉害？"她说："老师啊！我根本不喜欢读书，可是我会猜题，所以每考必中，偏要把我送上读书的路去，气死我了。其实，我读书是为父母家庭争面子，让社会上知道我有学位。我看，读书考试都靠运气，所以老师你讲曾国藩说靠运气是对的。"我听了只有哑然失笑，为之首肯而已。

（选自《廿一世纪初的前言后语》）

读书人要以范仲淹为榜样

　　唐中期以后的一百五十余年之间，先有北方藩镇、节度使等军阀的内乱，后有书生扮强盗的黄巢起兵，复有西南边疆与西北边疆归化的少数民族割据立国。首先是云南的南诏国（五代时变为大理国），接着全国拥兵称霸者共分十三处，形成后梁（朱温）、后唐（李存勖）、后晋（石敬瑭）、后汉（刘知远）、后周（郭威）等史称"残唐五代"的纷乱局面。北方归化的少数民族契丹便在此时乘势而起，形成后来与宋朝相对峙的辽、金、元。

　　在这一段历史流程中，无论官府和社会，对于文化教育并无建树。整个社会民生，只有忍受离乱、流亡、饥寒的痛苦而已。禅宗和仙道深受人们敬信而昌盛；至于传统的治国、齐家、平天下的儒家学术，反而凋敝无力，几乎遭遇既不能救国、更不能自救的痛苦。唯一特别的，却有一两处开创石刻儒学的十三经经文，似乎以此表示对天下太平的渴望，以及对复兴人道入世之学的期待。继此之后出现的，便是有名的三百年赵宋王朝了。

大家都知道，宋朝是文风鼎盛的一代，也是历史上最尊重文人和相权的一代。贫民出身的宰相可与帝王相对论道，绝不像明朝的宰相，只能站着向皇帝禀告，甚至还随时可能被皇帝在朝廷上当众打屁股，清朝的宰相也是站着说话，那是学明朝的榜样。

但是，宋朝也和两晋一样，三百年来分为北宋和南宋两截，而且根本没有把中国恢复为一统的江山。以我们的历史观念而言，不能统一全国而治平天下的，几乎称不上正统，所以宋朝应该算是我们历史上第二个南北朝。

我们也都知道，宋朝的天下是由赵家兄弟（赵匡胤、赵匡义）加上一个只读得"半部论语"便可治天下的同宗赵普，三人合谋从陈桥兵变，黄袍加身，取天下于孤儿寡妇之手开始。赵家兄弟是职业军人，却爱好读书，尤其宋太宗赵匡义，在兵间马上十余年，手不释卷，说了一句"开卷有益"的千古名言，完全是一个书生扮强人的角色。

所谓"知兵者畏兵"，在兵变回军征服中原以后，赵匡胤便采用文人政治。纵观北宋一朝，北方的燕（北京）云（山西大同）十六州始终为契丹所有；西北的陕、甘一带也被少数民族西夏占据；云南有大理国雄峙西南；辽东（东北）一带的事根本就沾不了边。虽然如此，在唐末到五代百余年间，正值生民凋瘵、受苦太深之时，大家只希望暂得一个有道明君，安定天下，也就心安理得。何况赵匡胤又是一个由前方统帅而叛得天下的人，最怕掌兵权的同袍学样重来，因此就专重文治而放弃武功，建立文人政治，由文职大臣指挥军政。后来如岳飞、韩世忠、辛弃疾等名将，不明白赵家天下这一祖传秘方，不是被处死，就是永被闲置一边，休想掌兵恢复中原。这等于是经商的公司老板，根本不想扩充发展，可是那些做职工的伙计不明白，还拼命去开发业务、扩充地盘，岂不是大大触犯老板的忌讳吗？

由于宋代重文轻武的文化教育，才会产生许多名臣贤相以及很多词人骚客，将唐朝三百年文采风流的诗律规范，改变为宋代的词章和理学。

宋代建国之初，仍依唐制，以科举网罗天下人才。初期贤相有王曾、王旦，之后便是名相晏殊，他极力提拔穷苦孤儿自学成才的范仲淹，而且他与范仲淹二人又特别提倡平民办书院讲学的风气。因此先有孙复在泰山脚下开馆授徒，后有胡瑷讲学吴中，提倡师道。而民间讲学之风由此大开，直到南宋末代不衰。范仲淹影响所及，培养出来的名臣良相，有寇准、富弼、文彦博等。至于光耀宋明理学的五大儒张载（横渠）、周敦颐（濂溪）、二程（程颢、程颐）以及南宋理学巨擘朱熹，这些史称关、洛、濂、闽诸大儒的理学家的发迹，也几乎都和范仲淹有关，与私人讲学的书院制度更是息息相关。

举例来说，大儒张横渠，青年时到西北边疆投军，见到范仲淹。范仲淹劝他应当好好读书，成才报国，顺手抓了一本《中庸》送给他。张横渠便拿着《中庸》回来，后来成为一代名儒，并有四句声震千古的名言流传后世："为天地立心，为生民立命，为往圣继绝学，为万世开太平。"

范仲淹可算是千古读书人的好榜样。大家都读过他在《岳阳楼记》中的名句"先天下之忧而忧，后天下之乐而乐"，并且知道他是宋代事功显赫的人物，却不太知道他在中国文化教育史上的大功绩。但他不是理学家，他是一个大儒、通儒，不可与理学家混为一谈。

（选自《廿一世纪初的前言后语》）

存天理灭人欲的理学并不是孔孟之道

我们为了浓缩叙述以往文化教育的历史演变，不敢牵涉太广，只以宋代兴起私人讲学的书院后，史称五大儒的理学家为代表，稍加了解。理学家们开设的"孔家店"，贩卖的货色质量，与孔孟老店的原来货品大有不同。二十世纪初期，中国学运要打倒的"孔家店""吃人的礼教"等，大多是宋代理学家们加上去的弊病。当时打倒的风气暴发，一概将之归罪于"孔老二"，实在有冤枉无辜之嫌。

简要地说，宋代理学家对传统儒学的解释，有些关键处，就好比欧洲中世纪天主教经院学派所解释的神学。但我说的"好比"，只限于比方，千万不可因比方又节外生枝。这比方只是说，理学家们的儒学是把孔孟学说经院化，变成宗教式的戒条。更复杂的是，他们用理、气二元来解释"形而上道"，又和人道修为拉扯在一起，内容非常庞博而精彩，如果研究学术，也不可等闲视之。它之所以形成，影响两宋到明清，且锢蔽了中国文化近千年之久，也并非偶然。如要了解大纲，必须读黄梨洲起始编著的《明儒学案》《宋元学案》，还有禅宗的《景德传灯录》《指月录》，这四大巨著大有可观之处，千万不要轻视。

理学家的学说是怎样产生的呢？这个问题很大，很重要，和隋唐以来禅宗与佛道的兴盛有关。理学家本是坚持中国本土文化的儒家，坚决反对五百余年来风靡社会各阶层的禅佛和道家，但因袭唐代韩愈的《原道》《师说》之意，又受李翱《复性书》的启示，起而援禅入儒而再非禅，援道入儒而又摒道。但其所称的"理"，恰恰又是借用禅宗达摩祖师"理入"和"行入"的说法，再加上佛学的"理法界、事法界、事理无碍法界、事事无碍法界"而来。"理"就是道，就是禅。

孔孟儒家之道，本来就有胜于禅和道的内涵，不过是入世的，不是出世的，认为凡是离开人世现实而言禅和道，都非圣人之道，所以人人都可为尧、舜，人人都可成圣人。你只要读了宋明儒学案，就可窥其大概。

在唐宋时代，弟子们记载禅宗大师的说法，叫作"语录"，因此理学家们也有"语录"；禅宗大师把个人学佛参禅而开悟的对话因缘叫"公案"，理学家便把个人的学养心得和师生的对话叫作"学案"；禅宗修禅定做功夫的方式叫"修止""修观""修定""修慧"，理学家则把修养主旨叫"主敬"或"存诚"；又如宋明学案的巨著，更是仿照禅宗集著的体裁，其用意是你有酱油我有醋，你有醇醪我有酒，各家自有通人爱，谁也并不比谁低。但最重要的，自宋儒理学兴起，也就是禅宗衰落的开始，这是中国哲学史的大问题，在此暂且不谈。

但要知道，濂、洛、关、闽的儒家或理学，也是各有门庭，并非一致，与唐末五代禅宗分为五家宗派的情况非常相似。而在宋代当时，理学并不像元、明三四百年间那般完全归于朱子（朱熹）一家之言。例如南宋理学最大而有趣的问题，便是朱（熹）、陆（象山）异同之争。朱熹主张"道问学"，陆象山却主张"尊德性"。换言之，朱熹的主张，相当于禅宗的"渐修"；陆象山的主张，相当于禅宗的"顿悟"。这也是中国哲学思想史上极具风味的一个地方。

我们现在只是针对中国过去的教育经验，着重在父师之教和自学成才，特别对宋儒理学家多做一些说明。因为这与后来明清六百年间以八股文考试取士的关系太大，需要大家明白。除此之外，两宋三百年来，自学成才而考取进士的名儒和大文学家也非常之多，他们并非都是理学家。如众所周知的欧阳修、王安石、三苏、黄庭坚等，文学词章都非等闲之辈，他们每个人的身世历史都有一部好小说可写，非常热闹。但宋代在文学词章方面，何以又与唐代风格迥然不同呢？这就是立国体制的原因。

宋初立国，建都在丰腴之地汴梁（开封），基本上没有成功北伐渡过黄河，与漠北天南的开阔风光了不相关，所以在文学境界上，就远不及汉唐的辽阔。而在政治经济上，只凭长期给敌国"岁币""岁帛"贿赂外敌而图苟安，两三百年来，好像是为北朝的辽、金、元充当经济资源补给站一样。宋真宗赵恒在澶渊之役中急于议和，甚至说"必不得已，虽百万亦可"，身在敌前的宰相寇准极力反对，私自秘密召见议和专使曹利用说："虽有敕旨，汝所许毋过三十万，吾斩汝矣。"最后，曹利用以银十万两、绢二十万匹签约而归。如此这般，朝廷文弱可悲。但正好碰上社会人心思安，也可称为一时盛世。欧阳修的两句诗说："万马不嘶听号令，诸蕃无事著耕耘。"读此真令人掩卷深思，不禁长叹！

所以宋代诗词文学，大多饱含天下承平的田园风味，农村气息非常浓厚。最有名的是名臣杨亿等人，因喜爱唐人李商隐诗的风流蕴藉，开创了西昆体诗格。后来又有富于山林风味的"九僧"禅诗，也突显宋代承平文学的特点。南渡以后，有名的诗人范成大和陆放翁，同样充分展现田园风味。由西昆体而演变为依声谱曲的长短句，就出现宋代的词学风格。

除此之外，到了南宋，也出了不少提倡实用学派人才，甚至也有人公然反对俨然标榜为圣学的理学；他们和朱熹虽然也是朋友，但学术观点和意见截然不同，如史称为金华学派的吕祖谦（东莱）、永康学派的陈亮（同甫）、永嘉学派的叶适（水心）等。可是却唯独一生机遇特殊的朱熹，其所注的"四书句解"，竟然成为明清两代六百年八股文取士的固定意识形态，岂不是古今得未曾有之奇吗？

研究两宋时代的文化教育问题，特别不要忘掉同时要研究辽、金、元史，因为这时等于中国历史上第二个南北朝。在这三百年间，北方辽、金、元也同样传承中国儒、释、道三家的文化教育，只是在帝制政权体制上有别而已。辽、金、元和南北朝时期的北魏一样，比较崇尚佛教，但在中国整体文化来说，入世治国之道，他们仍然是注重儒家传统的。

北宋后期到南宋之间理学的兴起，在北方的儒者却认为这如同儒学的怪胎，或是儒学的骈拇枝指。例如北方的名儒李屏山，便著有《鸣道集说》，中和融会儒、释、道三家观念而兼驳理学家的说法。金元期间，禅宗曹洞传法的高僧万松行秀以出类拔萃的声望名重士林，终于振兴嵩山少林寺的禅风。金元之间的名士如元遗山、耶律楚材等，都是他的入室弟子。尤其在中国医学史上，继唐代孙思邈的高风，到了金元之际，出了四位名医，其著作流传千古，至今仍具有医学上不衰的权威。也可说金元时代，出了几位对生命科学贡献卓越的医药科学家，那就是河间刘完素、张子和、李东垣以及浙江义乌的朱丹溪，他们皆不同于南方名儒理学家们高谈性命之说、坐论理气二元却不切实际的作风。

（选自《廿一世纪初的前言后语》）

八股文也能养成好人格吗？

明清两朝近六百年间，文化教育尤其注重理学家的儒学，而理学家的儒学观点，逐渐切守迂疏固执的礼节教条，大如宗教家的戒律。例如教导提倡妇女守贞节，便使还未婚嫁的女孩都要望门守寡，争取死后立个贞节牌坊。到现在你只要看贞节牌坊最多的地方，就可见到当地理学家教育的威望。

中国文化史上最为遗憾的事，就是明清两代采用宋儒理学家朱熹注解的四书，作为考试取士标准的思想意识形态，又将士子考试所用的文章体裁规定为八股形式。明清间许多名士大臣，例如明代的王守仁（阳明）、张居正，清代的曾国藩、左宗棠、张之洞、翁同龢，最后的状元张謇等，都不是由官学国子监出身，而是在家塾或书院自学成才，再随俗走八股考试的功名路线而来。

朱熹注解四书的是非、好坏、对错，事属专精而广泛，真是一言难尽，姑置之勿论。至于八股文，其内容又究竟是什么呢？

大概来讲，所谓八股文，是根据朱熹注解的四书，任随主考官的意思，取它一两句书的内容，定出一个题目，密封以后，由进考场的士子们拆开。士子们根据自己所知四书中这个题目的内容以及朱熹所注解的意义自行发挥，包括"破题""承题""起讲""提比"等八个程式。全篇文章要有一定的"起、承、转、合"，而在"起、承、转、合"的每一段、每一节，又需有正反相对称的文字韵律，可以琅琅上口，读来既有内容，又有音节。我年少时读书，虽然已经废除科举，不考八股文了，但我很好奇，想尽办法找几篇八股文来看。读后，虽然认为废除八股文是对的，但也觉得它的规格内容不可随便鄙视。

这里举出一些实例以做说明，帮助我们站在中国文学的立场，研究旧八股与新的"科学八股"在教育制度和方法上的得失利弊。但在此要郑重声明，这并未存在复古意识，更不是希望在国文教育中提倡旧八股文。在这里只能说，提醒专读国文的大专同学和一般青少年们的注意，了解一下从前的青少年们所作八股文的文章技巧和人格养成的思想教育，究竟是怎么一回事，以资反省检讨而已。

不愤不启不悱不发

秦道然

（破题）圣人不轻于启发，欲有所待而后施也。（承题）夫夫子固欲尽人而启发之，而无如不愤不悱何也！欲求启发者，亦知所省哉！（起讲）且学之中，必有无可如何之一候焉。自学者不知，而教者虽有善导之方，往往隔而不入。夫至隔而不入，而始叹善导之无益也；孰若默而息焉，以俟其无可如何之一候乎！（提句）夫学所谓无可如何者何也？（提比）学者于天下之理，未能尽喻诸心也。而视夫既喻者，又不能不欣慕之也，欣慕之而不得，则愤焉矣。学者于天下之理，未能尽达诸辞也。而视夫既达者，抑不能不遥企之也。遥企之无从，则悱焉矣。（中比）其人而果愤矣乎？将见彷徨于通塞之途，急求之，则已急也。缓求之，则又缓也。欲求诸此而尚恐其或在彼也。当是时，俨乎其若思，茫乎其若迷。方无如愤何！而教者则曰：是正其可启之端，且有欲不启而不能者也。其人而果悱矣乎？将见迟回于疑信之交，约指焉而难定其真也。博求焉而不得其似也。已知其然而难知其所以然也。当是时，欲矗矗乎言之，又戛戛乎难之。方无如悱乎！而教者则曰：是正其可发之机，且有欲不发而不能也。（后比）而无如其不愤也！本无求启之诚，旋授之而旋弃之耳！且徒负求启之名，面折之而面承之耳！非特隐诱无由，即显示亦无由也，安所施吾启乎！夫聪明不愤不生，精神不愤不振。吾非不欲启，而无如不愤何也！不然，吾岂乐于不启者乎！而无如其不悱也！本无求发之诚，相视不相谋耳。且徒负求发之名，相告不相入耳。非特微言无益，即繁称亦无益也。安所庸吾发乎！夫意见不悱不化，辩论不悱不亲。吾非不欲发，而无如不悱何也。不然，吾岂乐于不发者乎？（结比）且不愤而启，是终无由愤也。若因不启而愤，亦事之未可知者也。学者日望吾之启而自思之，愤乎未也？不悱而发，是终无由悱也。若因不发而悱，亦事之未可料者也。不悱而发，是终无由悱也，若因不发而悱，亦事之未可料者也。学者日望吾之发而自思之，悱乎未也。（结句）愤勿但答其不启，不发为也。

该文作者秦道然的年代、籍贯难以考证，这是他少年时代的作品，是从清代八股文的汇编《初学度铖》中摘录出来的。该文全篇的思想与现在教育学的原理和教育哲学完全吻合，不能说只是无病呻吟的考试文字而已。以下所录的，便是阅者的总评。如说：

此题之理，在欲学者勉于愤悱，以为受启发之地。此题之情，在反言以激之；故全神都在四不字，从愤悱转启发，正是题理，从不愤不悱转到不启不发，正是题情。又从不启不发，转到可以使其愤悱，正是题神。神者，兼情理而得之者也。至其就题两扇，劈分八股，如连环锁子，骨节相生。不用单句转接，局法最为高老。中股后接起，皆有藕断丝连之妙。每股煞脚，摇曳多姿。股中诠发实义，字字透辟细切。无一字一句，不可效法。允为初学津梁、发蒙妙药。如诸葛八阵图，知入而不知出。余线批已细细指明，万勿粗心阅过，以为平平无奇也。文所以明道也，代圣贤立言，而不得其意之所存，炳炳烺烺徒然耳。顾生千百载后，欲道千百载以上人之意，已难，况圣贤微妙之言乎！况初握管而效为之者乎！故言文于初学最难言也。初学作文，最患将题含糊诵去，不能逐字洗刷。才高者，辜负才情，不顾题理。质钝者，缚杀笔底，不透题情。是二人者，其失不同，而为无当于文则一也。夫文之为道，题而已矣。一题有一题之理，一题有一题之情，得理与情，而思过半矣。顾其端，全在从题字中，层层搜剔而出。反正闭合，轻重抑扬，使其来路至精也，去路极清也。前后倒乱，非题理也。步骤逾越，非题情也。只此一诀，神而明之，知者不易学，愚者不难为。可以探千百载以上人之意焉，可以代圣贤立言焉，可以明通焉。安得谓初学作文，可不自此始哉！

再看一篇：

临大节而不可夺也八比正格
向日贞

节能有守者，臣职克尽矣。夫人臣非才为难，而节为难也。临之而不可夺，殆克守其节者欤！且夫事未至而谈节义，在在可以为忠臣。事既过而论坚贞，人人可以为志士。然矜言气节之人，未必真能气节者，何也？曰：以其非临事也。盖臣品之邪正，居恒未可深知，独危急困顿之时，一生之贤奸莫不分其梗概。学术之真伪，平昔未可遽辨，独艰难纷集之际，毕生之忠佞，莫不定其权衡。嗟乎！孰是临大节而不可夺者乎？朝廷养士数百载，岂无责报之一日。及势至凌夷，而漫无足恃者，功名之士多，节烈之士少也。若人秉忠贞以为怀，故刃可蹈，鼎可甘，独此百折不回之意，必不可改。此国存与存，国亡与亡者，盖自匡居坐论时而已决矣。宁于委贽为臣也而忍负之。吾人读书数十年，岂无自靖之一念。及时至颠危，而顿易其操者，自家之念重，爱国之念轻也。若人本精白以自将，故家可亡，身可戮，独此靖共自献之心，必不可回。此不为威屈，不为势阻者，盖自草茅诵读而已定矣。宁于登朝致主也而忍忘之。幸而邦家徐定，则正色以立朝，而上可告无咎于君父，下可告无过于苍生。即特立之孤忠，自足树一代人臣之表。不幸而帝命难留，则从容以就义，而精诚可表于天地，志节可昭于日星。即一己之捐躯，亦足酬数世尊贤之报。持此志也，希贤希圣，已为天壤之全人。勿二勿三，庶几名教之正士。谓之君子，谁曰不然！

该文是一篇八股小品，但它对于人格的养成教育，以及人品和气节的思想，也并没有腐败到哪里去啊！现在再看当时阅读该文者的评语：

字挟风霜，词奔雷电，他日立朝，风节于此窥一斑。

——左笔臣

忠贞如铁石，文信国公之《正气歌》也。

——鲁木斋

我们读了这些八股文，便可发现历史有今古的差别，文章体裁的做法也有时代的不同，但是青少年们的思想和心理，并没有因为历史时代的不同就有太大的差距啊！只有经过不同的教育方式的熏陶，各自发展成不同的意识形态而已。

（选自《廿一世纪初的前言后语》）

上学是为了找个好工作？那就大错特错

明朝三百年来的政权，虽然是在禁锢式的理学文化教育中，但朝廷的权力从头到尾始终离不开那些不男不女的太监当权。甚之，在万历时期，废除天下书院为公廨，而且为了皇室的子嗣之争，下放禅宗的和尚憨山（德清）到广东，引进天主教神父利玛窦，终于形成儒学的东林党和太监们互相争权的斗争，导致满族入关而明亡于清，这岂不是历史上更大的讽刺！

我常说中国历代帝制政权很有趣，汉代皇帝是与外戚女祸（后妃娘家的亲属）共天下，魏晋皇帝是与权臣、学阀共天下，唐代是与藩镇（地区军阀）、女祸、太监共天下，宋代是与贿赂敌国共天下，明代是与太监共天下，只有清初比较稳妥，没有外戚（女祸）、藩镇、太监的跋扈，但却误于只抓小辫子、马蹄袖的八旗子弟，令关外东三省和八旗子弟只准习武，严禁汉化，认为以此即可镇守四方，但不知因此反而使东北文化教育落后迟延。故而清代近三百年的文治，自上到下，都与绍兴师爷共天下。清代三百年来做官府幕宾的师爷，是考不取功名或不愿考功名的读书人，但也都是由家塾或书院自学成才之士，并非从国子监的官学出身，而且多是律法专家。

满族入关建立清朝，一切文化教育制度全盘因袭承接明代，仍然用朱注四书、考八股文等。但自康熙、雍正、乾隆三代一百余年间，学者风气却大有转变，汉儒重拾对经学（四书五经）的考证功夫，所以在清代两三百年间，另有对儒家十三经的各家考据大作出现，表示对朱注的积极反省。但又妥协宋明理学，而冠为义理之学。至于文学诗词，在康熙、乾隆之间的一百年来又别成一格，与唐宋诗词各有千秋。这便是清代文化上考据、义理、词章三大特点。但在乾隆、嘉庆之后，也渐形衰落，唯有考据一门，仍与现代考古学衔接而已。我们要知道，在清代入关后的三百余年中，也正是欧洲文艺复兴、西方文明席卷全球的时期。接着，便是咸（丰）同（治）开始中国文化教育演变和现在的关联了。

清朝两百八十余年的帝制政权，对中国本身而言，大概可分为两个阶段。前阶段鼎盛时期，是康熙、雍正阶段，雍正十一年（西元一七三三年）特别颁发谕旨，提倡各省设立书院，此后雍正在位期间，中国的书院就从明朝的两千多所，迅速发展到三千多所。雍正之后到乾隆末年，无论文治武功，也都颇有胜场。因此，乾隆晚年得意忘形，自称"十全老人"。其实，真正衰败的原因，早在他的晚期便已埋下根底，所以嘉庆接位以后就开始衰落。况且当时的中国，上自清廷，下及全民老百姓，完全不知在中国以外还有许多外夷，并且它们分分合合、断断续续，又连接在一起而有不同的文明存在。因此由嘉庆、道光到咸丰，初有鸦片战争，继有英法联军火烧圆明园等外侮，内有太平天国的内患种种，大家很明白，不必多加述说。我们现在所讲的，只限于文化教育的专题。总的来说，从咸丰到同治，无论是从中国人的立场来讲，或是从清廷政权来讲，经过上述这许多内忧外患，便如"游园惊梦"般大梦初醒，意识到自己的文化教育必须转变方向了。

同治元年（西元一八六二年）设立"同文馆"，准备有计划地翻译洋书，几经转折而到现在，还始终不见如南北朝时期姚兴为鸠摩罗什法师开设逍遥园译场，或如唐太宗为玄奘法师成立译经院的百分之一的成就。接着又在同治十一年（西元一八七二年）开始，派出留洋学生。光绪廿一年（西元一八九五年），康有为在北京、上海设立半公半私的强学会，由张之洞出资支持。光绪廿三年（西元一八九七年），湖南乡绅王先谦在长沙倡设时务学堂，由梁启超主讲。光绪廿四年（西元一八九八年）设经济特科。但须注意，这个所谓经济，不是现在的经济学，而是要考选能振衰起敝，有经纶济世、安邦定国才能的经济之士。同时，又开办京师大学堂，也就是北京大学的前身。

光绪三十一年（西元一九〇五年），停止全国科举，不再用八股文来选天下人才。政府设立"学部"，兴办学校，这也就是清末民初教育部的前身。清廷与民间关于改革文化教育这一连串举动，好像还在写剧本，尚未正式排演出场，不料时势急转直下，很快到了宣统退位下台。

一九一一年，辛亥革命成功，取消了延续几千年的帝王专制政体，隔年改宣统三年为"中华民国"元年，称国家元首为总统。当时有人对"民国"和"总统"的名称非常反感，写了一副对联，上联说："民犹是也，国犹是也，何分南北。"下联说："总而言之，统而言之，不是东西。"极尽讽刺的能事。

接着就有一九一五年兴起的新文化运动（也包括"五四"运动），号召全国只要民主和科学，打倒旧礼教，打倒孔家店，废除文言文，倡导白话文。

同年，又请来主张教育实用主义的美国教育专家杜威教授，在北京大学讲学，并在各地演讲，风靡一时而影响直到现在。其实，教育之目的，当然就是学以致用，如果只是为找工作谋生，或是看社会、政府需要哪一种专才，然后才办教育来造就一种实用的人才，那是属于专业教育或技能教育的范围。假使整体文化教育的目标和范围都跟着这种观念走，其流弊和差错就非同小可，我们应当深思反省。

（选自《廿一世纪初的前言后语》）

近代教育的目标是救亡图存

如要研究我们国家在二十世纪这百年来文化教育的问题，就须了解推翻清朝而称共和民国到今年，还只九十五年；从"五四"新文化运动到今年，还只八十八年。如果按照传统古老的观点，以十二年为一小变数，称之为纪，三十年为一大变数，称之为世，那么，在这九十余年间，小变八纪，大变有三世而已。

借用这个数字来说民国以来文化教育的演变，我们必须知道，由一九一二年（民国元年）到一九三六年（民国二十五年）这一阶段，国内正值军阀割据、互争权力的内乱时期。无论地方或中央，除了少数留洋（多数留日）回国的革命党人之外，大体仍由前清遗老或趁机而起的投机分子占据。这个时期上位的当权执政者，都是清末民初的军事学校出身，领兵割据的百分之八十都是北洋系所办的"保定军校"学生，极少数是留学日本士官学校的人。至于下级军官，大半是在清末民初各省所办的初级军士学校出身；各省名称不一，有称讲武堂，有称武备学堂，也有称陆军小学，甚至还有在军队中自办的弁目学堂等。大家试想，在这样局势中，只有古语可以形容它的大概了，那就是"豺狼当道，安问狐狸"。

而且当时正如孙中山先生所说的"民智未开"，教育更不普及。初期在北洋政府时代的一二任教育总长，和后来改称的教育部长，也正陷入政治斗争的旋涡中，几曾有暇为国家民族的教育定出百年大计而精思擘划呢！即使有心，亦无先知远见，谁知半个世纪后的天下变化大势啊！

当时全国只有一个著名大学，就是由清廷的京师大学堂改制的北京大学。各地的公私立中小学还正在萌芽。唯一受人注视的，就是新办的法政学校与北京师范学校，因为法官和教师不可能由军人完全包办。除此之外，各省各地也有少数民办师范学校和高等小学，其目的都是先以普及教育最为重要。至于其他各地的地方首长，先有称为督军的，后有称为省长的，也有从清末举人或秀才出身的书生扮军阀的，都不少见。各级政府机构中的公务员，如果是提过考篮、中过秀才的，那就视为特殊人才了。少数新毕业的大学生或留洋回国的学生，也只好在军阀帐下依草附木存身而已。

凡此等等，都是我童年耳濡目染非常深刻的印象。所以我亦自少要习武，要进军校，意在纵横天下，据地称雄；同时也想研究政治和法律，以求治平。到了国民军北伐的时期，有一位举人出身的老师对我说："什么军事北伐，那是虚晃一枪，没有用的。其实啊，军事北伐是空言，政治南伐是事实。"我就问什么是政治南伐。他说："你还年轻，你看到了吗？他们抢到了天下，懂得什么民政啊？！所谓刑名（刑律和民法），所谓钱谷（经济、会计、统计），他们懂吗？还不是靠一班清末遗老来办公撑场面啊！你们年轻，骂清朝贪污腐败、割地求和、丧师失土，我看啊，照这样下去，将来的这些情形，比现在还严重。所以我告诉你，这便是政治南伐。"这一番话，真把我听呆了，心里念着古文："其然乎！其不然乎！"我的天哪，中国的苦难还有多久才完啊！

到了一九二四年（民国十三年），外患内乱，还正在纷纷扰扰之中。孙中山先生和革命党人鉴于中国历史上非武功不足以统一的经历，正如杜甫诗所谓"风尘三尺剑，社稷一戎衣"，便在他到北京之先，在广州创办了黄埔军校，欲以现代崭新的军事教育，收拾北洋旧军阀们的恶势力。稍后，在文治思想方面，又开办了以三民主义为中心的国民党党校，以配合随军北伐的政治工作。但以当时交通和资讯的困难，又加上旧社会"好铁不打钉，好男不当兵"的老观念，全国青年，要艰难到达广州进入这两所革命大本营的学校，实在很不容易。尤其家族怕子弟到广州参加革命，那是杀头的事，多半阻止不前。所以对一、二、三期的黄埔同学而言，谁也没料到在一二十年前后就跻身独当一面的方面大员，资兼党政军三合一的文武重任，更借此而接替了保定一系老一辈的权力，岂非异数！

换言之，在民初到抗日战争开始的三十年间，我们的文化教育，正如孙中山先生所说的，还在"军政时期"。他那时所说的"民智未开"，是说国人文盲太多，对于民权和民主，实在还没有个人自主的思辨能力，故要先求军政的统一，所以叫"军政时期"。同时，要积极提倡教育的普及，使大家明白真正的民主是什么，这便叫作"训政时期"。所以在这个阶段，随军所在的政治工作，也就到处办"民众识字班"，张贴大字的"壁报"，借此以开发民智，以补公私立学校教育的不足。这种"壁报"，也就是后来诸位所讲的"大字报"的前身，有民间文艺，有民意言论等。当然，我所说这一时期，也有人叫它是大革命时期，是两党合作阶段的先后期，各地所谓"农会""工会""妇女会"等的成立，"地方自治""乡村自治"等的宣传推广，都在这个时期。

在这同一时期，外侮"蚕食"的侵略，与清末差不多，压力甚大。列强敌国的日本，随时都在施展"鲸吞"的外交手段，并非只求"蚕食"。在这种时局情势之下，整个国家民族都处在寝食难安的状态中，异常紊乱，所以对于全民的文化教育，可想而知就更无余力能及了。祸患随之而来的三十年中，又有两党分裂，两党中党内有党，党内又各自有派系，而且党内党外知识分子的思想分歧，外来的学说和传统固执的意识，也随之莫衷一是，紊乱如麻。

这时，正反两派口诛笔伐的地盘，大多在上海一隅和香港，这两地几乎足以代表全国。因为上海还有英法等外国租界的"治外法权"，香港还是英国的租借地，可以借此以避祸害。所以在民初三十年间，一切正反派的言论报刊，都以上海、香港为革命或反革命的温室基地。

接着便是"九一八事变""七七事变"，对日抗战的战火点燃，终于迫使国民政府撤到大后方重庆，将全国分为十二个战区，全民奋起而抗日。这些我想大家并不陌生，但细说其详，也非易事。至于这十二个战区的司令将官，大多仍是如前面所说，是"保定军校"出身的人物。因为人生际遇不同，后来多位都与我有友生之间的关系，所以其中的得失是非，颇难细说。

抗战期间，无论普通大学或中小学，除了在沦陷区之外，大部分的学校成员都变为随政府迁移到大后方的流亡师生，有的或转入"战干团"等进行各种战时军训教育，名称不一。这种流徙播迁文化教育的情形史无前例，我也几乎是亲身经历并目睹耳闻。

例如大学方面，在西南的成立了西南联大，在西北的成立了西北联大，在四川成都华西坝和望江楼的，便有金陵大学、齐鲁大学、朝阳大学等，在四川本土的有四川大学、华西大学等。全国老少菁英聚集，也可算是济济一堂，际遇特殊了。至于在东南、西北各地，以及全国中小学生，随学校流亡迁移，寸步维艰而到战地后方继续求学，那一幕幕的景象，一点一滴的艰辛血泪，也是史无前例地说之不尽、知之难详。

那些学生在流亡途中，自身背着书包、小板凳，随地上学，他们用的课本，虽然纸张不像纸张，装订不像装订，却又是哪里来的？这就使我要讲到后来在中国台北街上摆地摊出租武侠小说的一位朋友宋今人。他在战时担任正中书局的重要人物，负责出版中小学教科书。当时战地课本虽然粗制滥造，但他眼见青少年的爱国壮志，为了职责所在，尽了无米之炊的最大供给能力。所以我很佩服他，也为大家所不知而感激他。他到了台北，不向任何机构报到，不去求人，自己把随身所带最喜欢看的武侠小说摆地摊出租，维持最低生活。同时又发动同好写武侠小说，后来就成为出版武侠小说的老祖师，这便是我给他的封号。因此，我也戏笑他们为凭空捏造、乱了中国武侠文化的罪人。他们答复我说，那大多是从你著作佛道两门的书中所启发的，我们对武术一无所知，只好写左手打右手，捏造从无到有的武功啊！

为了保存文化，我把手边仅有的梁漱溟先生的《印度哲学概论》叫他翻印出来，以免绝版。我们两人还笑说，把梁先生的大作交给出武侠小说的真善美出版社来印行，也是大变乱中的奇事。因为我怕前辈的心血就此丧失在乱离之中，未免罪过。

（选自《廿一世纪初的前言后语》）

教育行业越发达，教育水平越低下

几十年前，我们读书求学可没有像诸位现在那么容易。尤其像我们这些不今不古、不中不西、不老不少的老朋友，讲到读书求学的故事，真有不胜今昔之沧桑感慨。

当年，像我们这些来自乡村的老少年，大多先在家里接受了旧式读经书的家塾教育，既不是像现在青少年为求职业、求学历、求出路而接受教育，更不是为了科举、考八股以博取功名。我们从小先要接受旧式教育的动机，那是传统历史文化上旧观念的习惯所驱使，同时也是受了旧观念"万般皆下品，唯有读书高"的意识所影响。因为当时在新旧社会形态的变革时期，许多乡下人真还弄不清国家教育政策的方向。除非有些在通都大邑的人，得其风气之先，才真是为了读书救国、为了学问而学问地接受教育。

我们当时旧式读书受教育的方法，是"读古文，背经史，作文章，讲义理"，一贯的作业。那种"摇头摆尾去心火"的读书姿态，以及朗朗上口的读书声，也正如现在大家默默地看书，死死地记问题，牢牢地背公式一样，都有无比的烦躁，同时也有乐在其中的滋味。

不过，以我个人的体验，那种方式的读书，乐在其中的味道，确比现在念书的方式好多了。而且一劳永逸，儿童时代背诵的"经""史"和中国文化基本典籍，一生取之不尽，用之不竭。当年摇头摆尾装进去，经过咀嚼融化以后，现在只要带上一支粉笔，就可摇头摆尾地上讲堂吐出来。所以现在对于中国文化的基本精要，并不太过外行，更不会有空白之感，这不得不归功于当年的父母师长保守地硬性要我们如此读书。

家塾读书受"经"的遗风当然存在不了好久，时代的潮流到底很自然地打开了风气，马上就需要转进"学堂"（当时俗语称新式学校叫洋学堂）去上学。但是，就以高等小学（等于现在的小学）来说，一个县里也没有两三个，有些地方隔一两县才有个中学，虽然路途只隔十多里或二三十里，可是要一个生长在保守农村的小孩子（基本上是先受旧式教育读书的）背上一肩行李，离开家园而进入学堂，过着团体受教育的生活，其中况味，比起现在出国读书还要难过。

如果由高等小学毕了业，有能力，有志趣，再上进去读中学，那种气氛就像专制时代进省考举人一般严重。三四十年以前，在守旧保守的农村社会，一个乡村没有几个中学生。

当时，他们便等于是洋举人，风头之健，足以博得人们的刮目相待，或"侧目以视"，至于偏僻地方，一个县能有几十个中学生，已是了不起的事，再能进读大学的真是寥寥无几。但是那时一个高等小学毕业生的学养程度，比起现在中学毕业的还高得多，一个中学生比起现在大学毕业的也要胜出一筹。

如果大家不说假话，当代多少知名之士，在各界有所成就的中年以上人物，很多都是在这种不新不旧的中小学教育环境中成长自立起来的。尤其站在中国文化方面来讲，的确如此，其中原因固然很多，最重要的还是因为时代不同，从小学开始对于中国固有文化已打了较好的基础，这是不必讳言的事实。这就是我们国家在几十年前，由农业社会转进工商业社会，因教育形式的不同，而使得半个世纪的心理和思想上，产生许多新旧的差异。

为什么当时读到中学的人那样少呢？这就涉及政治、经济、交通、教育等许多问题，而且这都是现代教育上的专题。现在追溯从前，只从经济方面来讲，当年的农业社会，较为僻远的地方，能够使一个子弟读完高等小学，在学费的负担上已经非常吃力。要使一个子弟读完中学，在学费、路费、住宿、膳费等的负担，如非"中人之生产"的家庭，实在很难负担得起。除了通都大埠以外，一般农村社会，除了要子弟读书做官来光耀门楣，否则，教育对他们而言，真是过于奢侈的事。

倘使再要上进去读大学，就等于清朝的上京考进士一样严重。因此那时候一个大学生，除了少数真正毫无出息的世家公子或富家纨绔子弟以外，只要能够进入大学读书的，学识才能的程度，就远非今日的大专同学可比。当然，大学生们也许会盲目地责怪上一代老少年们对于国家历史上的贡献。

事实上，如果真能深切地研究、了解了我们国家这半个世纪中遭遇的内忧外患，便会体谅上一代的老少年们，是如何地运用不今不古、半中半西的学问知识，极其艰辛地撑持了这"六十年来家国，八千里地山河"的历史局面。在艰危变乱中，诚然不免忙中有错，何况世界上最难了解、最难判断的便是人和事。因此对于这个问题，很可以引用两句古话来说："书到用时方恨少，事非经过不知难。"

这二十多年来教育的发达和普及远非从前可比。但是无论教师或家长，都感觉到教育水准的低落，一代甚于一代，而远不及从前。其中原因复杂，不能只苛求于学校的教育，例如社会风气与社会教育的关系，家庭教育与家长思想的关系，整个教育精神与教育制度的关系，在在处处，都是整体连锁性的因素。不过，单以中学教育而言，问题就颇为严重。

历年来为众望所归的几个著名小学或中学，尤其是某些"女中"，为了争取校誉（以升学率的高低而定校誉的声望），大半时间在教"考"。除了背考试题以外，就不知什么叫教育了。而且功课的繁重，根本没有时间多读课外书。我与学生及在中学里当教师的同学们谈话，他们或她们在夜里做梦的时候，经常都还梦见"赶考"——被考或考人。除"考"以外，简直不知什么是学问。旧式考试考思想，现在考试考记诵。《礼记》有言："记诵之学，不足为人师。"

　　可是现在能记诵而善于考试的学生，家庭与学校都认为是好学生。稍加活泼而稍富于才能与思想的，反而考得不好。而社会、家庭与学校，根本就抛弃诱导天才的教育原理，很轻易地认为是坏学生——太保或太妹。所以这些不"太"而也被汰的青少年，率性就抗拒到底，一路汰下去了。家长期望于现在好学校的心理是如此，所谓好学校的校风恰也合于家长和社会的要求，你能说是有错吗？其谁之过欤！其谁之过欤！

（选自《新旧教育的变与惑》）

反省中国教育的错误观念

大致了解了两千多年来中国教育的概况，无论我们的先圣先贤、诸子百家，关于教育与学问做过如何庄严神圣的定论，教育的理想与一般社会对教育的暗盘思想，毕竟存在一段很大的距离。如果我们真肯深切反省检讨，那么就可以明白地说，我们的一般教育思想，历经两千多年来，始终还陷落在一个一贯错误的暗盘里打转。

这个暗盘思想错误观念的由来，首先便是自古以来中外一例的重男轻女思想。

为什么要重男轻女呢？

因为男主外，女主内。男儿志在四方，有子克家便可以光耀门楣、光宗耀祖，而最好的出路只有读书。尤其在古代轻视工商业的观念之下，当然就会产生"万般皆下品，唯有读书高"的看法了！

读书为什么有这些好处呢？

因为读了书，可以考取功名，登科及第而做官。因此读书做官自然而然就成为天经地义的思想。

做官又有什么好呢？

做了官，就能得到坐食国家俸禄的利益，由此升官发财便顺理成章地被民间视为当然的道理。

由于这一系列错误观念的养成，读书读到后来，所有经史子集也成了剩余物质，只有八股的制义文章才是生活宝典，这都是很自然而形成的思想，无足为怪。

到了十九世纪末期二十世纪初，西方文化思想东来，慢慢地把旧有家塾、寒窗、书院和国子监等中国传统教育方式变成西式学府制度。由洋学堂开始，一直到现在三级制学校制度而至于研究院为止，教育是真的普及了，一般国民的知识水准是真的提高了。但是知识的普及，使得一切学问的真正精神垮了，尤其中国文化和东西文化的精义所在，几乎是完全陷入贫病不堪救药的境地。

不但如此，我们的教育思想和教育制度，虽然接受西方文化的熏陶而换旧更新，可是我们教育的暗盘思想，依然落在两千多年来的一贯观念之中，只不过把以往读书做官、光耀门楣的思想，稍微变了一点方向，转向于求学就可以赚钱发财的观念而已，然后引用一句门面话来自我遮盖，以"教育即生活"作为正面堂皇的文章。几家父母潜意识中对子女的升学大事不受这个观念的影响？又有几家子弟选读学校、选修科系的心理不为这个观念所左右？

　　于是，新的"科学八股"的考试方法，但凭"死记""背诵"为学问的作风，依然犹如以往历史的陈迹。只是过去的风气，但须记诵八股文章作为考试的本钱；现在的风气，但须记诵回答和猜题，便能赢得好学校以及联考的光荣。过去的读书为考功名、为做官；现在的读书和考试为求出路、为求职业、为赚大钱。

　　过去读书的"志在圣贤"，做官的一心以天下国家为己任，如此立志者大有人在，而抱着"君子乘时则驾，不得其时，则蓬累以行"，归到农村社会，以耕读终生的也不少。现在人受了教育，不能谋得一个出洋、赚大钱的机会，至少也要做个公教人员，才算是不负平生一片读书求学的苦心。尤其是工商业时代都市生活的诱惑，小市民思想的深入人心，如果不能如此，只好优游等待机会，或者自己封个"马路巡阅使"来怠荡怠荡也可以。至于其他的事，只有付之于命运的安排了。

　　我们只要息心反省教育的现状，就可明白现代青少年陷落在一片迷惘境地的前因和后果。因此，我们为了后一代，对于家庭教育思想、社会教育思想以及学校教育的思想制度，必须多做检讨，以建立一番复兴文化的新气象。虽然说问题并不简单，但问题终须寻求出答案和调整的方法。这不但是我们老一辈的责任，也正是落在现代青年身上的重要责任，亟需渊博通达的学问，才能挽救亟待复兴图强的中国文化。

（选自《新旧教育的变与惑》）

图书在版编目（CIP）数据

孩子一生的底气 / 南怀瑾讲述 . -- 北京：北京联
合出版公司，2024.8（2024.12 重印）
ISBN 978-7-5596-7335-0

Ⅰ . ①孩… Ⅱ . ①南… Ⅲ . ①人生哲学－通俗读物
Ⅳ . ① B821-49

中国国家版本馆 CIP 数据核字（2023）第 253698 号

孩子一生的底气
作　　者：南怀瑾
出 品 人：赵红仕
责任编辑：管　文

北京联合出版公司出版
（北京市西城区德外大街 83 号楼 9 层　100088）
河北鹏润印刷有限公司印刷　新华书店经销
字数 178 千字　880 毫米 ×1230 毫米　1/32　印张 10.125
2024 年 8 月第 1 版　2024 年 12 月第 2 次印刷
ISBN 978-7-5596-7335-0
定价：59.00 元